Mathefreunde 4

AF131724

Herausgegeben von

Edmund Wallis, Leipzig

Erarbeitet von

Kathrin Fiedler, Görlitz

Ursula Kluge, Kühnitzsch

Isabel Miedtke, Zwickau

Jana Scherbaum, Halberstadt

Birgit Schlabitz, Berlin

Edmund Wallis, Leipzig

VOLK UND WISSEN

Inhalt

An der Seitenfarbe
kannst du erkennen,
worum es gerade geht.

Zahlen und
Operationen
Größen
Geometrie

Die Aufgaben sind so nummeriert: ①

Hier ist es etwas schwieriger: ☐1

So erkennst du eine knifflige Aufgabe: △1

Auf den gelben Zetteln
findest du die Lösungen:

Merkkasten

Wiederholungskasten

Lerne mit deinem Nachbarn

Addieren und Subtrahieren

① Addiere und kontrolliere mit der Tauschaufgabe.

a)	b)	c)	d)
50 + 30	600 + 20	540 + 30	376 + 3
500 + 300	200 + 50	720 + 60	834 + 5
100 + 200	80 + 20	430 + 70	21 + 419
500 + 400	60 + 510	850 + 40	7 + 611

80	100	250	300
379	440	500	570
570	618	620	780
800	839	890	900

② Subtrahiere und kontrolliere mit der Umkehraufgabe.

a)	b)	c)	d)
600 − 300	760 − 20	460 − 300	584 − 6
800 − 500	380 − 40	780 − 400	149 − 120
900 − 200	570 − 50	210 − 200	335 − 215
700 − 400	290 − 70	672 − 100	469 − 23

10	29	120	160
220	300	300	300
340	380	446	520
572	578	700	740

3 a) Setze die Zahlenfolgen fort.
   b) Gib die Regeln an, mit denen du die weiteren Zahlen der Folgen findest.

   c) Erfinde selbst eine Regel und bilde dazu eine Zahlenfolge.

④ Addiere und subtrahiere. Nutze Rechenvorteile.

a)	b)	c)	d)
340 + 30 + 60	528 + 31 + 12	467 − 29 − 17	389 − 39 − 30
270 + 55 + 30	75 + 438 + 25	784 − 28 − 14	678 − 120 − 28

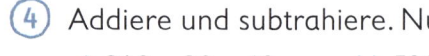

320   355   421   430   530   538   571   742

5 Finde die Aufgaben, schreibe sie auf und löse sie.

a) Subtrahiere von der Zahl 235 die Zahl 75.

b) Addiere das Doppelte der Zahl 350 zur Zahl 134.

c) Berechne die Summe aus den Zahlen 223 und 37. Addiere zur Summe die Zahl 150.

1 und 2: Rechnen mit zwei Zahlen   3: Regel zum Bilden der Zahlenfolgen finden, Folgen weiterführen, eigene Folge bilden
4: Rechnen mit drei Zahlen   5: Aufgaben bilden und lösen
AH ⊙ 1   TÜ ⊙ 1–3

① Setze das richtige Zeichen: < = > .

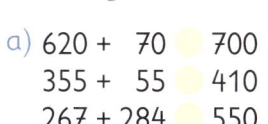

a) 620 + 70 ◯ 700
   355 + 55 ◯ 410
   267 + 284 ◯ 550

b) 160 − 80 ◯ 130
   820 − 260 ◯ 560
   450 − 170 ◯ 270

c) 118 − 112 + 37 ◯ 42
   556 − 130 + 42 ◯ 469
   632 + 322 − 755 ◯ 199

② a)   457
     + 212

   b)   263
     + 581

   c)   348
     + 456

   d)   576
     + 135

   e)   245
     + 362

   f)   467
     + 328

   g)   644
     + 197

   h)   279
     + 534

   i)   174
     + 368

   j)   296
     + 275

   k)   327
     + 259

   l)   284
     + 179

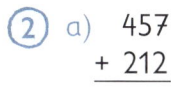

463	542
571	586
607	669
711	795
804	813
841	844

③ a)   645
     − 324

   b)   708
     − 503

   c)   593
     − 149

   d)   556
     − 315

   e)   423
     − 219

   f)   925
     − 178

   g)   647
     − 386

   h)   463
     − 188

   i)   918
     − 249

   j)   746
     − 197

   k)   876
     − 358

   l)   943
     − 367

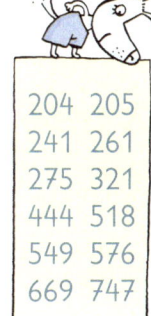

204	205
241	261
275	321
444	518
549	576
669	747

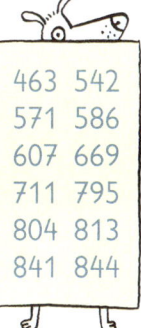

④ Entscheide, ob du im Kopf oder schriftlich rechnest.
Überprüfe mit der Umkehraufgabe.

a) 529 + 331
   137 + 486

b) 354 − 244
   625 + 156

c) 376 + 428
   417 − 109

d) 849 − 265
   647 − 327

5 Vervollständige.

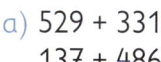
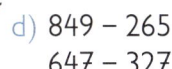

a)   ✴ 7 ✴
   − 4 5 6
   ─────────
     8 ✴ 7

b)   ✴ 8 9
   − 2 0 ✴
   ─────────
     7 8 4

c)   6 5 7
   − 2 ✴ 3
   ─────────
     ✴ 8 4

d)   9 5 6
   − ✴ 8 ✴
   ─────────
     3 ✴ 9

1: Addieren, Subtrahieren und Vergleichen   2: Schriftliches Addieren   3: Schriftliches Subtrahieren
4: Addieren und Subtrahieren: Kontrolle mit der Umkehraufgabe   5: Vervollständigen der fehlenden Ziffern
AH ❶ 1   TÜ ❶ 1–3

5

Multiplizieren und Dividieren

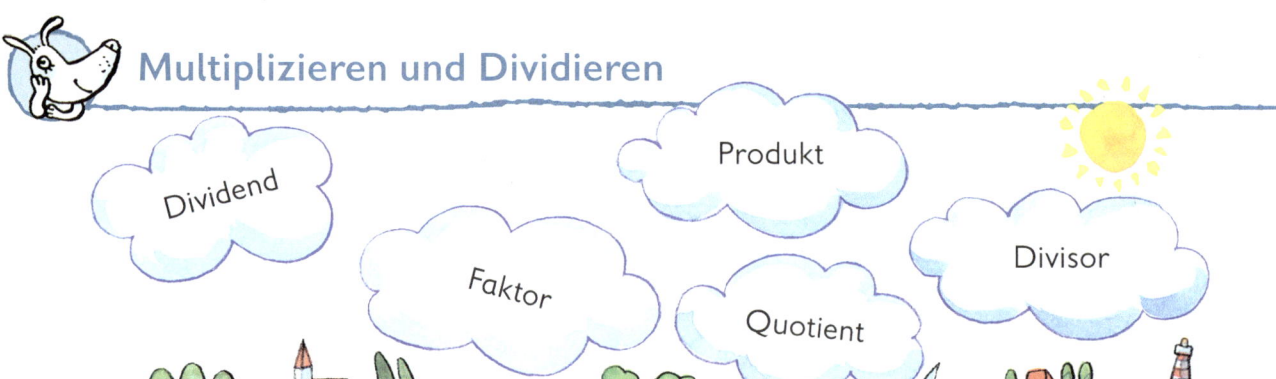

Dividend · Produkt · Faktor · Quotient · Divisor

1
a)
3 · 9
6 · 5
4 · 7
8 · 3

b)
☐ · 8 = 56
7 · ☐ = 49
☐ · 6 = 48
9 · ☐ = 63

c)
81 : 9
18 : 3
40 : 5
64 : 8

d)
27 : ☐ = 3
72 : ☐ = 9
36 : ☐ = 4
32 : ☐ = 8

e)
49 : 7
6 · 8
63 : 9
8 · 6

2
a)
4 · 2
4 · 20
4 · 200

b)
3 · 5
3 · 50
3 · 500

c)
24 : 6
240 : 6
240 : 60

d)
21 : 7
210 : 7
210 : 70

| 3 3 4 4 8 |
| 15 30 40 80 |
| 150 800 1500 |

3 Multipliziere vorteilhaft.

a)

b)

c)

d)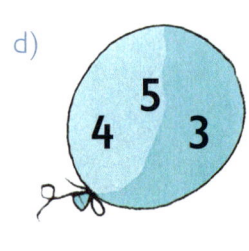

4
a)
4 · ☐ = 200
6 · ☐ = 360
7 · ☐ = 280
8 · ☐ = 800

b)
☐ · 5 = 300
☐ · 2 = 180
☐ · 40 = 320
☐ · 70 = 630

c)
160 : ☐ = 40
270 : ☐ = 30
350 : ☐ = 7
400 : ☐ = 8

d)
720 : 80
550 : 50
490 : 70
240 : 30

5 Am ersten Urlaubstag hat der Busfahrer 360 Urlauber zum Flugplatz gebracht. Wie oft ist er gefahren, wenn 40 Personen im Bus Platz haben und er bei jeder Fahrt voll besetzt war?

6 Das Kindertheater hat 54 Karten zu je 4 €, 47 Karten zu je 5 € und 27 Karten zu je 10 € verkauft. Wie viel Geld muss in der Kasse sein?

EINTRITTSPREISE
1. PLATZ 10 €
2. PLATZ 5 €
EMPORE 4 €

1 und 2: Produkte und Quotienten berechnen   3: Nutzen von Rechenvorteilen beim Multiplizieren
4: Faktor/Divisor berechnen   5 und 6: Inhalt erfassen, Aufgaben bilden, lösen und antworten
AH ▶ 2   TÜ ▶ 4–5

① Bilde zuerst den Überschlag.
Multipliziere dann.

a) 42 · 5
32 · 6
17 · 8
23 · 7

b) 57 · 8
48 · 5
26 · 7
48 · 4

38 · 4 =	Ü: 40 · 4 = 160
30 · 4 = 120	
8 · 4 = 32	
120 + 32 = 152	
38 · 4 = 152	

c) 96 · 4
84 · 7
44 · 6
36 · 8

d) 28 · 6
43 · 9
69 · 4
55 · 5

e) 36 · 9
68 · 3
73 · 7
33 · 8

f) 48 · 7
79 · 6
62 · 5
57 · 4

136	161	168	182	192	192
204	210	228	240	264	264
275	276	288	310	324	336
384	387	456	474	511	588

② Bilde zuerst den Überschlag.
Dividiere dann.

a) 81 : 3
52 : 4
92 : 2
45 : 3

b) 84 : 6
51 : 3
68 : 4
90 : 5

72 : 4 =	Ü: 80 : 4 = 20
40 : 4 = 10	
32 : 4 = 8	
10 + 8 = 18	
72 : 4 = 18	

c) 64 : 4
78 : 6
98 : 7
70 : 5

d) 96 : 8
95 : 5
66 : 3
34 : 2

e) 91 : 7
38 : 2
84 : 7
96 : 6

f) 52 : 2
69 : 3
92 : 4
78 : 2

12	12	13	13	13	14	14	14
15	16	16	17	17	17	18	19
19	22	23	23	26	27	39	46

3 Finde die Aufgaben, schreibe sie auf und löse sie.

a) Berechne das Produkt aus den Zahlen 28 und 9.

b) Bilde das Achtfache der Zahl 36.

c) Wenn du die gedachte Zahl durch 8 dividierst, erhältst du 12.

d) Berechne das Produkt und den Quotienten der Zahlen 99 und 9.

4 Für die Arbeitsgemeinschaft „Mathefreunde"
wurden Rechenspiele für den Computer gekauft:
für das 3. Schuljahr fünf Spiele zu je 23 € und
für das 4. Schuljahr zwei Spiele zu je 59 €.
a) Stimmt es, dass für das 4. Schuljahr
weniger Geld ausgegeben wurde?
b) Wie viel haben die Spiele insgesamt gekostet?

5 Wie kannst du die Aufgaben 97 · 5, 48 · 5, 63 · 5 und 29 · 5 vorteilhaft rechnen?
Rechne und erkläre.

1 und 2: Multiplizieren und Dividieren mit Überschlag   3: Zahlen berechnen
4: Inhalt erfassen. Aufgaben finden, lösen und antworten   5.: Aufgaben vorteilhaft rechnen
AH ▶ 2   TÜ ▶ 4–5

7

Dividieren mit Rest

1 Ein Restposten von 245 Gläsern wird zum Versand verpackt.

   a) Wie viele Sechser-Kartons können gefüllt werden?
      Wie viele Gläser bleiben übrig?

   b) Wenn die Gläser in Achter-Kartons verpackt werden, bleiben dann weniger Gläser übrig?

Rechne und schreibe so:

   a) 245 : 6 = ____ Rest ____

   b) 245 : 8 = ____ Rest ____

2 Dividiere.

a)	b)	c)	d)	e)
83 : 3	164 : 8	215 : 50	290 : 30	181 : 60
43 : 7	155 : 4	276 : 90	369 : 60	157 : 20
91 : 5	458 : 9	468 : 50	437 : 70	105 : 30
29 : 2	157 : 7	378 : 40	263 : 80	137 : 40

> 3R1 3R6 3R15 3R17 3R23 4R15 6R1 6R9 6R17 7R17
> 9R18 9R18 9R20 14R1 18R1 20R4 22R3 27R2 38R3 50R8

3 Welche der Zahlen 36, 47, 55, 70, 91, 108, 164, 225, 300, 343, 415, 508, 603 sind ohne Rest teilbar:

   a) durch 2, b) durch 5, c) durch 10, d) durch 2, 5 und 10?

> Tipp:
> Auf die letzte Ziffer musst du achten.

4 a) Lisa hat 2 € und 73 ct. Sie möchte 5 Ansichtskarten kaufen. Reicht das Geld dafür?

   b) Tom hat 4 Münzen zu je 50 ct, 6 Münzen zu je 20 ct und 5 Münzen zu je 5 ct.
      Wie viel Geld hat er noch übrig, wenn er 6 Karten kauft?

5 a) Kannst du 4 € und 67 ct gerecht an drei Kinder verteilen? Begründe.

   b) Stimmt es, dass beim gerechten Aufteilen von 27 € und 45 ct an zwei Kinder ein Rest von einem Cent bleibt? Begründe deine Antwort.

1 und 2: Dividieren mit Rest   3: Ermitteln der ohne Rest teilbaren Zahlen
4: und 5: Inhalt erfassen, Aufgaben finden, lösen und antworten

①

```
23 + 7 ·  20              80 + 560 :  7
       7 ·  20 = 140           560 :  7 =  80
    23 + 140 = 163             80 + 80 = 160
    23 + 7 ·  20 = 163      80 + 560 :  7 = 160
```

Punkt-Rechnung   Strich-Rechnung

Erinnere dich: Punktrechnung geht vor Strichrechnung!

Erkläre deinem Nachbarn, wie Maria und Tom rechnen.

② a) 16 + 8 · 10   b) 4 · 40 + 23   c) 98 + 2 · 70   d) 3 · 90 + 39
    34 + 7 · 60   9 · 20 + 52   64 + 5 · 50   4 · 60 + 66
    25 + 4 · 30   5 · 70 + 16   29 + 9 · 70   7 · 40 + 35
    63 + 6 · 40   3 · 80 + 77   41 + 6 · 60   2 · 80 + 44

> 96 145 183
> 204 232 238
> 303 306 309
> 314 315 317
> 366 401
> 454 659

③ a) 280 − 5 · 50   b) 6 · 70 − 91   c) 985 − 3 · 80   d) 9 · 90 − 84
    185 − 3 · 60   9 · 60 − 44   777 − 4 · 60   2 · 80 − 79
    596 − 8 · 70   4 · 90 − 75   498 − 2 · 90   6 · 60 − 45
    399 − 2 · 90   7 · 60 − 25   555 − 4 · 25   4 · 40 − 33

> 5 30 36 81
> 127 219 285
> 315 318 329
> 395 455 496
> 537 745 726

④ a) 60 : 20 + 97   b) 480 : 6 + 35   c) 77 + 320 : 4   d) 92 + 810 : 90
     90 : 30 + 77   450 : 5 + 66   88 + 360 : 6   52 + 630 : 70
    180 : 60 + 49   270 : 3 + 66   41 + 280 : 4   28 + 540 : 90
    270 : 90 + 47   560 : 8 + 72   83 + 360 : 2   48 + 240 : 60

> 34 50 52 52
> 61 80 100
> 101 111 115
> 142 148 156
> 156 157 263

⑤ a) 270 : 3 − 45   b) 350 : 5 − 35   c) 80 − 240 : 60   d) 500 − 420 : 7
    180 : 2 − 37   420 : 6 − 49   96 − 560 : 80   310 − 250 : 5
    490 : 7 − 35   210 : 7 − 18   69 − 180 : 30   744 − 810 : 9
    240 : 4 − 59   640 : 8 − 45   55 − 270 : 90   666 − 640 : 8

> 1 12 21 26
> 35 35 35 45
> 52 53 63 76
> 89 260 440
> 586 654

1: Rechenwege erklären   2 und 3: Erst multiplizieren, dann addieren/subtrahieren
4 und 5: Erst dividieren, dann addieren/subtrahieren
AH ○ 4   TÜ ○ 7–8

9

Aufgaben mit Klammern

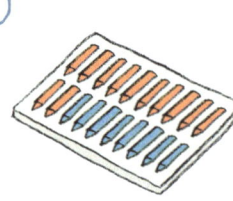
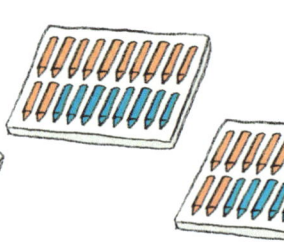

① Wie viele Stifte habe ich insgesamt?

Max überlegt und schreibt:

ein Paket

rote Stifte	blaue Stifte	Anzahl der Pakete
↓	↓	↓

(12 + 8) · 4

20 · 4 = 80

(12 + 8) · 4 = 80

a) Erkläre deinem Nachbarn, wie Max gerechnet hat.
b) Was musst du dir merken,
   wenn du Aufgaben mit Klammern lösen willst?

② a) (5 + 3) · 7   b) 4 · (30 + 20)
   (2 + 7) · 5   6 · (13 + 7)
   (6 + 4) · 9 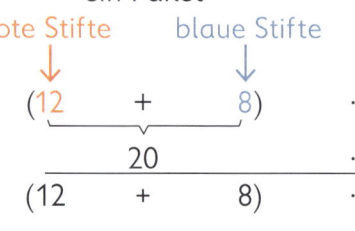 7 · (25 + 15)
   (3 + 6) · 8   3 · (25 + 45)

   ┌─────────────────────────────────────┐
   │ 45 56 72 90 120 200 210 280 │
   └─────────────────────────────────────┘

③ a) 6 · (16 − 7)   b) (46 − 38) · 3
   9 · (20 − 12)   (27 − 19) · 7
   5 · (30 − 24)   (44 − 38) · 2
   4 · (90 − 80)   (40 − 33) · 4

   ┌─────────────────────────────────────┐
   │ 12 24 28 30 40 54 56 72   │
   └─────────────────────────────────────┘

④ a) (12 + 8) : 5   b) 36 : (18 − 12)
   (18 + 22) : 8   49 : (21 − 14)
   (15 + 25) : 10   35 : (45 − 40)
   (37 + 23) : 10   64 : (24 − 16)

   ┌─────────────────────────────┐
   │ 4 4 5 6 6 7 7 8   │
   └─────────────────────────────┘

⑤ a) (50 − 6) : 4   b) 42 : (11 − 4)
   (43 − 22) : 7   64 : (32 − 24)
   (80 − 8) : 9   81 : (45 − 36)
   (73 − 8) : 5   90 : (29 − 26)

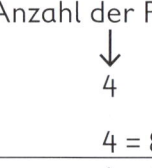

   ┌─────────────────────────────────┐
   │ 3 6 8 8 9 11 13 30   │
   └─────────────────────────────────┘

⑥ Setze das richtige Zeichen < = > .

   a) 6 · 8 + 24 ⬜ 75
   c) 6 · 3 + 24 ⬜ 6 · (3 + 24)
   e) 4 · 9 − 4 · 7 ⬜ 4 · (9 − 7)

   b) 7 · (10 + 20) ⬜ 7 · 10 + 7 · 20
   d) 60 : 10 + 50 ⬜ 60 · (10 + 50)
   f) 150 · (10 − 5) ⬜ 150 : 10 − 5

⑦ Für den Wandertag sammelt die Lehrerin von jedem der 18 Kinder ihrer Klasse 12 €
für die Bahnfahrt, 5 € für das Mittagessen und 6 € für das Erlebnisbad ein.
Wie viel Geld hat sie insgesamt eingesammelt?

1: Rechenweg erklären; Erkennen, dass immer erst die Aufgabe in der Klammer gelöst wird   2 bis 5: Aufgaben mit Klammern lösen
6: Relationszeichen setzen   7: Inhalt erfassen, Klammeraufgabe bilden, lösen und antworten

AH ● 5   TÜ ● 9

1 Überschlage zuerst, schreibe dann stellengerecht untereinander und rechne.

a) 523 + 76
718 + 44
632 + 247
254 + 428

b) 984 – 47
482 – 65
337 – 129
426 – 294

c) 432 + 379
794 – 628
219 + 666
935 – 487

d) 97 + 282
88 + 744
450 – 228
382 – 97

132	166	208	222
285	379	417	448
599	682	762	811
832	879	885	937

2 Mathewandzeitung

Wer findet die richtigen Aufgaben und kann sie lösen?

Der Minuend ist 953 und der Subtrahend ist 369. Gesucht ist die Differenz.

Der Subtrahend ist die Zahl 125. Der Minuend ist doppelt so groß. Wie heißt die Differenz?

Bilde die Summe aus den Zahlen 537 und 348.

Berechne die Differenz aus 843 und 297.

Der erste Summand ist die Zahl 463. Der zweite Summand ist um 95 kleiner als der erste Summand. Berechne die Summe.

3 Überschlage zuerst und rechne dann.

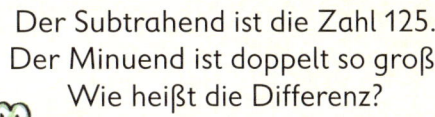

a) 26 · 4
64 · 6
88 · 8
72 · 3

b) 5 · 24
7 · 31
9 · 47
4 · 55

c) 92 : 2
55 : 4
98 : 7
98 : 6

d) 392 : 7
127 : 4
197 : 7
175 : 5

e) 555 : 5
569 : 9
438 : 6
219 : 3

13R3	14	16R2	28R1		
31R3	35	46	56	63R2	
73	73	104	111	120	216
217	220	384	423	704	

4 Bilde Aufgaben und löse sie.
a) Die Faktoren sind 27 und 6.
b) Der Divisor ist 9 und der Dividend 45.
c) Berechne den Quotienten aus 666 und 6.
d) Berechne das Produkt aus 7 und dem Vierfachen von 7.

> **Beachte die Regeln!**
> Punktrechnung geht vor Strichrechnung. Was in der Klammer steht, musst du zuerst berechnen.

5
a) 3 · 60 – 42
5 · 70 + 63

b) 88 : 4 – 17
98 : 7 + 86

c) 420 : 7 – 38
238 + 6 · 50

d) (43 + 7) · 3
(66 – 26) · 5

e) 4 · (19 + 6)
7 · (20 + 40)

f) (56 – 12) : 4
72 : (36 – 28)

1: Addieren und Subtrahieren   2: Aufgaben bilden und lösen   3: Multiplizieren und Dividieren mit und ohne Rest
4: Aufgaben bilden und lösen   5: Aufgaben, auch mit Klammern, lösen
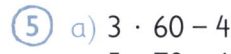

11

Sachaufgaben – Schrittfolge zum Lösen

So kannst du Sachaufgaben lösen:

Lies den Aufgabentext genau durch.
- ○ Achte auf besondere Wörter.
- ○ Schreibe die Zahlen und Größenangaben heraus.

⬇

Finde die Frage.
- ○ Wonach wird gefragt?

oder

- ○ Wonach kannst du fragen?

⬇

Bilde eine passende Aufgabe und löse sie.
- ○ Eine Tabelle oder Skizze kann dir dabei helfen.

⬇

Antworte mit einem Satz.
- ○ Überlege, ob die Antwort zur Frage passt.

 ① Gärtner Wolf lieferte zum Markt 750 Tomatenpflanzen.
Davon wurden 675 Pflanzen verkauft.

② Die Gärtnerin schneidet 70 Nelken ab. Sie will Sträuße mit je 5 Nelken binden.
  a) Wie viele Sträuße kann sie binden?
  b) Wie viele Sträuße könnte sie mit jeweils 7 Nelken binden?

 ③ Die Rabatten und das Rosenbeet im Stadtpark werden mit 98 Blumenstauden, 425 roten und 358 gelben Rosensträuchern bepflanzt.
Wie viele Rosensträucher werden insgesamt gepflanzt?

 ④ Das Grundstück der Gärtnerei ist an einer Seite 200 m lang.
Diese Seite soll mit Sträuchern im Abstand von 8 m bepflanzt werden.
  a) Wie viele solcher Abstände entstehen?
  b) Wie viele Sträucher werden benötigt?

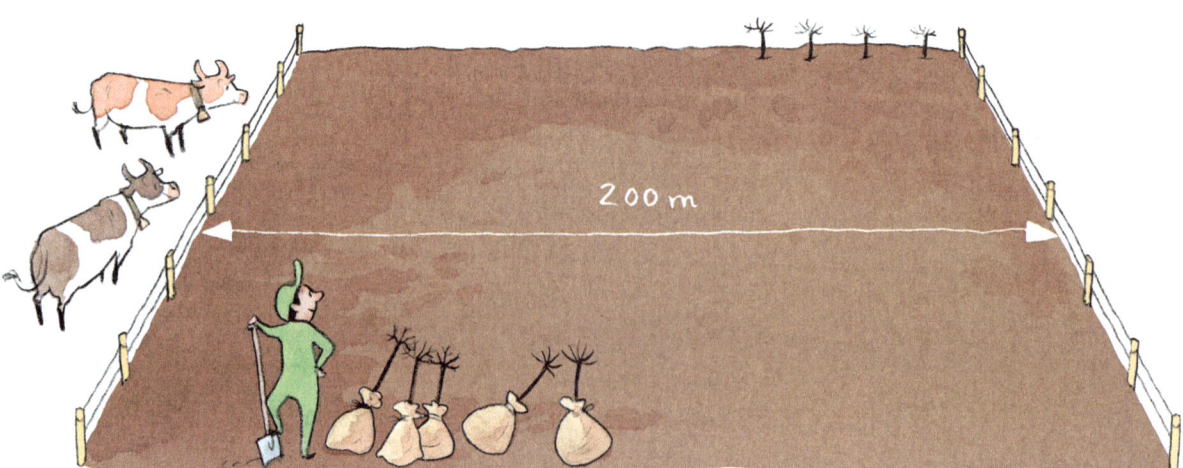

200 m

1 bis 4: Inhalt erfassen, Aufgaben nach vorgegebener Schrittfolge lösen
4: Ergebnis zu b) begründen
AH ▸7   TÜ ▸11

1. Robert war mit seinem Bruder drei Tage mit dem Motorrad unterwegs. In dieser Zeit haben sie eine Strecke von 987 km zurückgelegt. Am ersten Tag sind sie 274 km gefahren. Am zweiten Tag war die Strecke doppelt so lang.

2. Eine Jugendmannschaft fuhr beim Radtraining drei Runden von je 15 km und fünf Runden von je 25 km Länge.

3. Ein Vierer-Ruderboot ist 12,78 m lang.
   Ein Zweier-Ruderboot ist 2,88 m kürzer.
   Ein Achter-Ruderboot ist 6,76 m länger als das Vierer-Ruderboot.

4. Maria war im Trainingslager in Magdeburg.
   Ihr Zug fuhr in Riesa um 8:15 Uhr los und kam um 10:45 Uhr an.

5. Ben nahm am Schwimmwettkampf in Rostock teil. Der Bus mit den Sportlern fuhr um 6:25 Uhr in Dresden los. Die Reisezeit betrug 5 Stunden und 25 Minuten.

6. Aus Erfurt fahren 56 Kinder zu den Schwimmwettkämpfen nach Rostock.
   Die Fahrkarte für den Zug kostet pro Kind 30 €. Die Sportlergruppe wird von 4 Erwachsenen begleitet. Für jeden Erwachsenen kostet die Fahrkarte 43 €.

Hier kannst du passende Fragen finden.
- Wie lang sind Einer-Ruderboote?
- Ist Maria länger als 150 min mit dem Zug gefahren?
- Wie viel Kilometer wurden am dritten Tag gefahren?
- Wie lang sind Zweier- und Achterboote?
- Wie viel Kilometer ist die Mannschaft insgesamt gefahren?
- Wie viel Euro kosten die Fahrkarten zusammen?
- Wie lange ist Maria mit dem Zug gefahren?
- Wann ist Ben in Rostock angekommen?

1 bis 6: Inhalt erfassen, passende Frage zuordnen,
Aufgabe finden, lösen und antworten
AH ○ 7   TÜ ○ 11

13

1E   10E = 1Z   10Z = 1H   10H = 1T

10T = 1ZT

10 000-Meter-Lauf in Berlin

Start: 14.05.   Zeit: 10:00 Uhr
Treff: Siegessäule – Straße des 17. Juni

ZT	T	H	Z	E
1	0	0	0	0

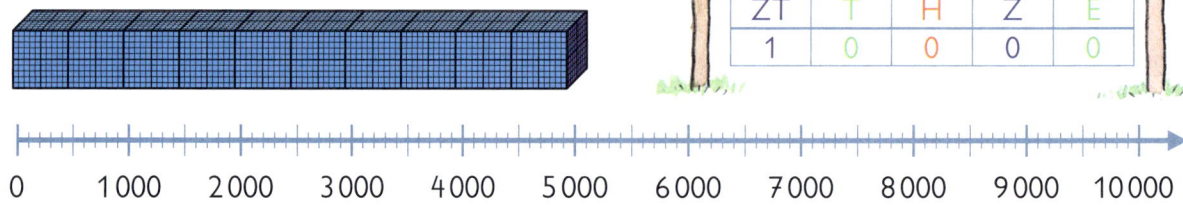

0   1000   2000   3000   4000   5000   6000   7000   8000   9000   10 000

① Welche Zahlen sind hier dargestellt?

Zeichne eine Stellenwerttafel.
Trage die Zahlen ein.

a)

3T   H   Z   E
3000 +   +   +   =

b)

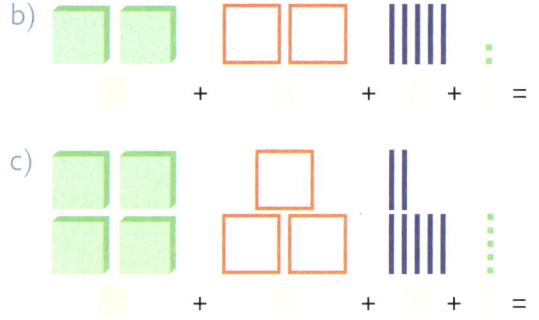

+   +   +   =

c)

+   +   +   =

② Lege die Zahlen mit Zahlenkärtchen.
Trage sie danach in eine Stellenwerttafel ein.

a) 7T 4H 2Z 1E
6T 0H 2Z 4E
6H 9T 7E

b) 7T 9H 6Z 2E
8T 0H 0Z 6E
8Z 5T 6E

c) 2T 8H 5Z 1E
3T 8H 0Z 0E
7E 8H 2T

Schreibe so:

5437

T	H	Z	E
5	4	3	7

③ Lies die Zahlwörter deinem Nachbarn vor. Schreibe zu jedem Zahlwort die Zahl auf.
a) siebentausendzweihundertvierunddreißig, viertausenddreihundertsechsundsiebzig
b) viertausenddreihundertacht, eintausendacht, siebentausenddreiundfünfzig
c) zweitausendneunhundert, sechstausendachtzehn, eintausendfünf

④ a) Berechne die Summe. Schreibe das Zahlwort dazu.

6 000 + 400 + 20 + 8   5 000 + 800 + 6   7 000 + 40 + 3
4 000 + 100 + 70 + 9   9 000 + 70 + 5   3 000 + 1

b) Lege die Zahlen mit den Zahlenkärtchen.

1 und 2: Zahlen zur Darstellung finden und in die Stellenwerttafel eintragen
3: Zahlwort lesen, Zahl aufschreiben   4: Summe berechnen und Zahlwort aufschreiben
AH ◗ 8–9   TÜ ◗ 12–13

1 Trage die Zahlen in die Tabelle in deinem Heft ein.
Schreibe zu jeder Zahl den Vorgänger und den Nachfolger.
6 240, 1 500, 9 999, 3 812, 7 600, 2 199, 3 099, 3 270, 8 499, 9 500

V	Zahl	N
	6 240	

2 Welche Zahlen sind am Zahlenstrahl markiert? Schreibe sie auf.

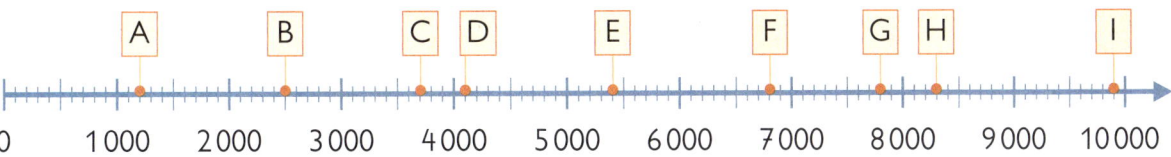

3 Zähle vorwärts oder rückwärts.

a) in Tausenderschritten
von 2 000 bis 8 000
von 9 000 bis 3 000
von 3 500 bis 9 500
von 7 400 bis 2 400

b) in Hunderterschritten
von 5 300 bis 5 800
von 7 200 bis 6 800
von 6 350 bis 6 950
von 4 730 bis 4 230

c) in Zehnerschritten
von 4 520 bis 4 590
von 6 410 bis 6 370
von 3 251 bis 3 291
von 8 277 bis 8 217

4 Gib benachbarte Zahlen an. Übertrage die Tabellen in dein Heft.

a)
Nachbartausender		
5 000	5 263	6 000
	7 432	
	1 020	
	8 993	
	9 998	

b)
Nachbarhunderter		
4 500	4 563	4 600
	6 320	
	9 792	
	9 908	
	1 034	

c)
Nachbarzehner		
6 280	6 284	6 290
	5 923	
	9 368	
	3 804	
	6 005	

5 Zahlenrätsel

Meine Zahl liegt zwischen 4 000 und 8 000.

Meine Zahl ist der vorangegangene Tausender von 4 600.

Meine Zahl ist um drei Hunderter kleiner als 8 630.

Meine Zahl ist um 10 kleiner als 10 000.

Meine Zahl ist der nachfolgende Hunderter von 4 878.

Meine Zahl ist um vier Tausender kleiner als 8 564.

1. Schreibe den Vorgänger und den Nachfolger zu den Zahlen auf:
401, 789, 399, 840, 250, 500, 1000.

2. Welche Zahlen liegen zwischen 489 und 493, 596 und 602 , 897 und 904?

1: Vorgänger und Nachfolger ermitteln und in die Tabelle eintragen   2: Zahlen bestimmen
3: In Tausender-, Hunderter- und Zehnerschritten zählen   4. Nachbarzahlen angeben   5: Inhalt erfassen und Zahlen angeben
AH ▶ 8–9   TÜ ▶ 12–13

15

(1) Ordne den Buchstaben Zahlen zu. A =   C =   B =   D =

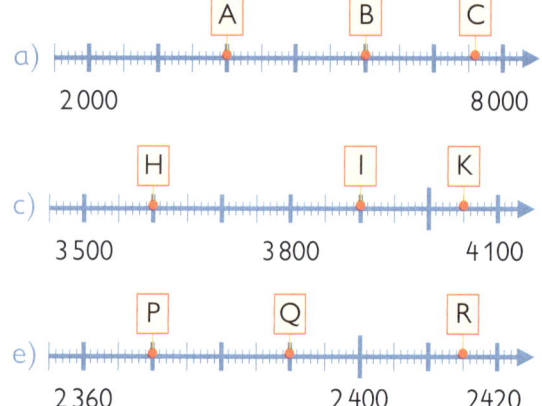

a)
A   B   C

2 000   8 000

b)
D E F   G

6 000   8 000   10 000

c)
H   I   K

3 500   3 800   4 100

d)
L M   N O

2 700   2 900   3 100

e)
P   Q   R

2 360   2 400   2 420

f)
S T   U   V

3 970   3 990   4 020

(2) Ergänze die Zahlenfolgen.

a) 2 498, 2 499, …, 2 503   c) 5 827, 5 817, …, 5 787   e) 1 203, 1 202, …, 1 197
b) 7 974, 7 984, …, 8 034   d) 3 720, 3 820, …, 4 420   f) 4 545, 4 530, …, 4 470

(3) Welche Zahlen liegen zwischen diesen Zahlen?

a) 2 939 und 2 945   c) 6 098 und 6 104   e) 8 997 und 9 003   g) 5 998 und 6 005
b) 3 214 und 3 208   d) 3 092 und 3 086   f) 7 002 und 6 997   h) 2 003 und 1 996

(4) Ergänze zum nächsten Hunderter.

2 570 + 30 = 2 600
6 940 +   =
8 375 +   =
9 858 +   =

(5) Ergänze zum nächsten Tausender.

5 300 + 700 = 6 000
2 600 +   =
8 580 +   =
4 630 +   =

(6) Lege mit den vier Ziffernkärtchen alle möglichen vierstelligen Zahlen. Schreibe sie auf und schreibe das Zahlwort dazu. Unterstreiche die kleinste Zahl rot und die größte Zahl blau.

[7] Lisa legt Plättchen in die Stellenwerttafel.
a) Welche Zahl hat sie gelegt?
b) Max schiebt zwei Plättchen an eine andere Stelle, so dass eine kleinere Zahl entsteht. Welche Zahl könnte das sein? Schreibe mindestens drei Möglichkeiten auf.
c) Bei Maria entstehen durch Verschieben zweier Plättchen größere Zahlen. Schreibe mindestens drei mögliche Zahlen auf.

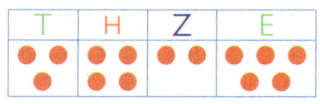

1: Zahlen bestimmen   2: Zahlenfolgen erkennen und fortsetzen   3: Zählend Zahlen ermitteln
4 und 5: Bis zum nächsten Hunderter/Tausender ergänzen   6 und 7: Zahlen finden und verändern
AH ⊙ 8–9   TÜ ⊙ 12–13

1 Beschreibe, wie du Zahlen vergleichst.
Vergleiche die Zahlen und setze die Zeichen < oder >.

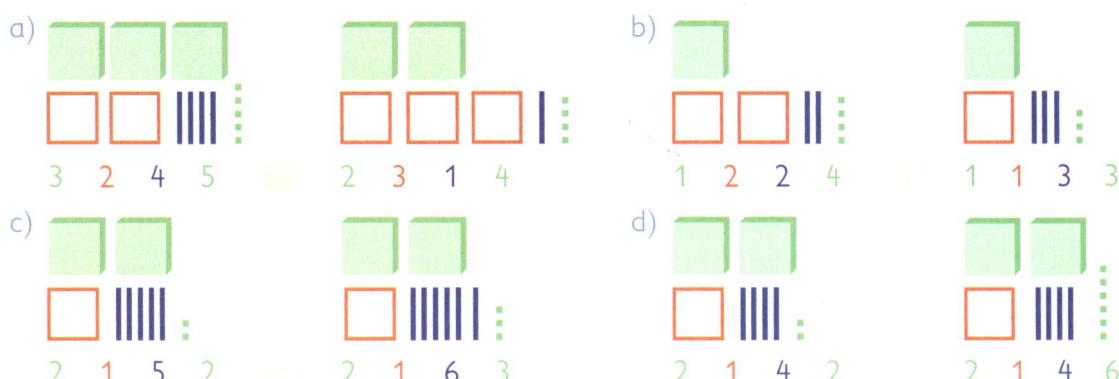

a)
3 2 4 5   2 3 1 4

b)
1 2 2 4   1 1 3 3

c)
2 1 5 2   2 1 6 3

d)
2 1 4 2   2 1 4 6

2 Vergleiche die Zahlen und setze die Zeichen < oder >.

a) 6 213   3 541
   5 204   6 204
   7 410   8 421
   6 201   621

b) 5 214   2 541
   7 717   7 177
   2 242   2 442
   3 956   3 569

c) 3 104   3 240
   6 334   6 433
   2 101   2 010
   9 705   9 750

d) 9 102   9 106
   4 144   6 433
   2 050   205
   5 309   5 308

3 Ordne die Zahlen.

a) Beginne mit der größten Zahl.
   2 541, 3 654, 2 140, 6 308, 4 599
   241, 3 064, 5 477, 3 303, 9 945

b) Beginne mit der kleinsten Zahl.
   9 099, 2 130, 5 201, 6 208, 3 210
   1 052, 999, 5 210, 6 380, 998

4 Familie Kluge möchte sich einen neuen Computer kaufen.
Hier sind die Preisangebote:

| 2 305 € | 1 095 € | 1 299 € | 1 550 € | 2 180 € |
| 1 485 € | 2 085 € | 2 013 € | 999 € | 2 850 € |

a) Ordne die Preise. Beginne mit dem niedrigsten Preis.
b) Welche Preisangebote liegen zwischen 2 000 € und 1 200 €?

5 Überprüfe, ob Anna die Zahlen richtig nach der Größe geordnet hat.
Sie sollte mit der größten Zahl beginnen. Berichtige.
7 420, 5 783, 5 791, 7 385, 4 380, 4 803, 4 038, 3 241, 3 142, 2 104

6 a) Finde zu der Zahl 5 768 zwei Zahlen, die größer sind und
     den gleichen Tausender haben.
   b) Finde zu der Zahl 7 985 zwei Zahlen, die kleiner sind und
     die gleichen Tausender und Hunderter haben.

1: Vorgehen beim Vergleichen erklären   2: Zahlen vergleichen und Relationszeichen setzen   3: Zahlen nach Vorschrift ordnen
4: Preise ordnen   5: Fehler finden und Zahlen neu ordnen   6: Zahlen nach Vorgaben finden
AH ○ 9   TÜ ○ 14

17

Vor etwa 2000 Jahren benutzten die Römer für Zahlen andere Zahlzeichen als heute. Diese römischen Zahlzeichen werden auch heute noch verwendet.

① a) Wo hast du schon solche Zahlzeichen gesehen? Erzähle.
b) Wie viele römische Zahlzeichen findest du auf den Fotos?

Merke dir sieben römische Zahlzeichen und ihre Bedeutung:

I	V	X	L	C	D	M
1	5	10	50	100	500	1000

②

Ordne den römischen Zahlzeichen auf den Uhren unsere Zahlen zu.

Schreibe so:

I = 1   II =   III =   IV =   …   XII =

Regeln für das Arbeiten mit römischen Zahlen:
○ Jedes der Zeichen **I**, **X**, **C** und **M** steht höchstens dreimal hintereinander.
○ Steht ein kleineres Zeichen rechts von einem größeren Zeichen, dann wird es addiert: VI = 5 + 1, XIII = 10 + 1 + 1 + 1, CX = 100 + 10, DCC = 500 + 100 + 100, MC = 1000 + 100.
○ Steht ein kleineres Zeichen links von einem größeren Zeichen, dann wird es subtrahiert: IV = 5 − 1, IX = 10 − 1, XC = 100 − 10.

Ordne unsere Zahlen zu.
Beachte die Regeln für das Arbeiten mit römischen Zahlen.

1
a) XXX
XXXII
CCC
MM

b) IV
IX
XC
CD

2
a) XXV
LXX
CCCXXX
CCL

b) CCCLXX
CXII
MCCVII
CCLV

3 Schreibe mit römischen Zahlzeichen:

a) alle Zahlen von 1 bis 20   c) alle Zahlen von 40 bis 50
b) alle Zahlen von 118 bis 125   d) alle Zahlen von 1007 bis 1015

4 Schreibe für die römischen Zahlen unsere Zahlen auf.

5 Wahr oder falsch?

a) CXXI – LI = LXXI   b) MMD – XI = MMCDLX   c) DCLX – CX = DL

6 Lege die Gleichungen mit Stäbchen nach.

a) XII + V = XIX
Lege zwei Stäbchen so dazu, dass die Gleichung richtig ist.

b) XXXIV – VIII = XXVIII
Nimm zwei Stäbchen so weg, dass die Gleichung richtig ist.

c) Erfinde selbst so eine Aufgabe und stelle sie deinem Nachbarn.

1 und 2: Zahlen zuordnen   3: Zahlen als römische Zahlen angeben   4: Den römischen Zahlen unsere Zahlen zuordnen
5: Wahrheitsgehalt prüfen und begründen   6: Fehler in den Gleichungen erkennen und korrigieren
AH ▶ 10   TÜ ▶ 15–16

19

Addieren und Subtrahieren

	4 000	+	3 000 =			
Wenn	4	+	3 =	7,		
dann ist	4 000	+	3 000 = 7 000.			

	7 000	−	5 000 =			
Wenn	7	−	2 =	5,		
dann ist	7 000	−	2 000 = 5 000.			

① a) 3 000 + 4 000 b) 7 000 + 3 000 c) 6 000 − 3 000 d) 9 000 − 4 000
6 000 + 2 000   1 000 + 8 000   7 000 − 5 000   3 000 − 2 000
4 000 + 5 000   4 000 + 2 000   9 000 − 6 000   5 000 − 3 000
3 000 + 3 000   2 000 + 6 000   4 000 − 1 000   8 000 − 7 000

② Im Warenlager einer Großhandelskette lagern 4 000 Flaschen Saft.
Heute werden noch 6 000 Flaschen angeliefert.
a) Wie viele Flaschen sind es dann insgesamt?
b) Wie viele Flaschen bleiben übrig, wenn 5 000 Flaschen ausgeliefert werden?

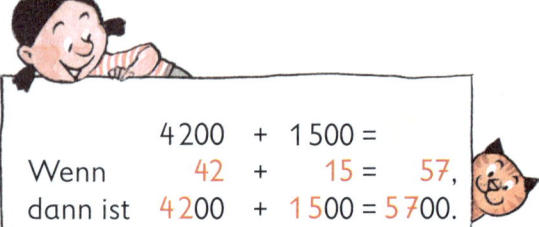

	4 200	+	1 500 =			
Wenn	42	+	15 =	57,		
dann ist	4 200	+	1 500 = 5 700.			

	7 600	−	2 500 =			
Wenn	76	−	25 =	51,		
dann ist	7 600	−	2 500 = 5 100.			

③ a) 3 200 + 1 500 b) 3 900 + 2 600 c) 6 800 − 3 500 d) 9 300 − 2 700
6 100 + 1 900   5 400 + 3 700   7 900 − 2 700   6 500 − 3 800
5 300 + 3 500   7 500 + 1 700   8 100 − 3 100   7 100 − 3 900
4 200 + 4 200   4 700 + 3 600   5 400 − 4 700   8 200 − 4 600

④ a) 2 000 € + 40 € =   €   b) 3 000 € + 200 € =   €

c) 2 020 € − 20 € =   €   d) 3 070 € − 1 000 € =   €

⑤ a) 3 000 € +   6 €   b) 4 000 € +   20 €   c) 4 000 € +   38 €
5 000 € +   70 €   6 080 € +   80 €   3 451 € + 1 000 €
4 000 € +   300 €   7 040 € +   300 €   2 000 € + 2 388 €
2 000 € + 5 000 €   5 030 € + 2 000 €   4 999 € + 5 000 €

1: Addieren und Subtrahieren mit Vielfachen von 1 000   2: Inhalt erfassen, Aufgaben finden, lösen und antworten
3: Addieren und Subtrahieren mit Vielfachen von 100   4 und 5: Addieren und Subtrahieren mit Geld
AH ❯ 11   TÜ ❯ 17

$$2\,400 + 300 =$$

Wenn $24 + 3 = 27$,
dann ist $2\,400 + 300 = 2\,700$.

$$3\,700 - 500 =$$

Wenn $37 - 5 = 32$,
dann ist $3\,700 - 500 = 3\,200$.

① a) $2\,600 + 300$ b) $5\,300 + 900$ c) $7\,800 - 500$ d) $5\,300 - 800$
    $4\,200 + 600$ $2\,200 + 800$ $4\,800 - 700$ $4\,500 - 700$
    $3\,100 + 700$ $6\,500 + 600$ $9\,500 - 400$ $6\,400 - 600$
    $5\,300 + 400$ $7\,800 + 700$ $8\,600 - 500$ $7\,200 - 400$

Schreibe die Aufgaben in dein Heft und löse sie.

② a) 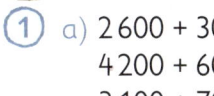   b)

③

10 000			
5 500			
	2 500		
	1 000		

④ Wiegt der Einkauf mehr als $4\,000$ g?

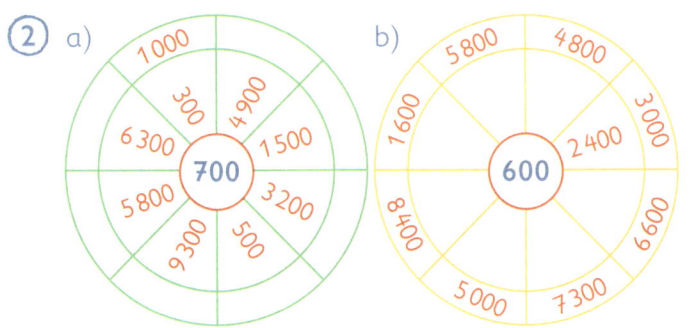

Brot 750 g
Zucker 1000 g
Mehl 1000 g
Butter
Wurst 300 g
Butter $\frac{1}{4}$ kg
Käse 200 g
1 kg Mehl

⑤ a) $1\,000 - 1\,000$ b) $10\,000 - 1\,000$
    $1\,000 - 100$ $10\,000 - 100$
    $1\,000 - 10$ $10\,000 - 10$
    $1\,000 - 1$ $10\,000 - 1$

⑥ a) $8\,000 - 8\,000$ b) $5\,000 - 5\,000$
    $8\,000 - 800$ $5\,000 - 500$
    $8\,000 - 80$ $5\,000 - 50$
    $8\,000 - 8$ $5\,000 - 5$

⑦ a) $990 + = 1\,000$ b) $880 + = 1\,000$ c) $660 + = 1\,000$ d) $330 + = 1\,000$
    $99 + = 1\,000$ $88 + = 1\,000$ $2\,660 + = 3\,000$ $3\,330 + = 4\,000$
    $9 + = 1\,000$ $8 + = 1\,000$ $7\,660 + = 8\,000$ $6\,330 + = 7\,000$

Ergänze zum nächsten Tausender. Schreibe so: $6\,678 + 322 = 7\,000$

⑧ a) 770 b) 550 ⑨ a) 482 b) 281 c) 158 d) 777
      $2\,770$ $5\,550$ $3\,482$ $1\,281$ $2\,158$ $3\,777$
      $4\,770$ $8\,550$ $6\,482$ $8\,281$ $4\,158$ $7\,777$

1 bis 3: Addieren und Subtrahieren mit Vielfachen von 100   4: Gesamtmenge berechnen
5 bis 6: Aufgaben lösen   7 bis 9: Zum nächsten Tausender ergänzen
AH ▸ 11   TÜ ▸ 17

21

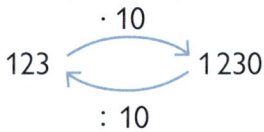
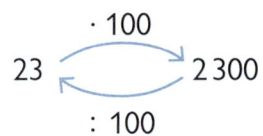
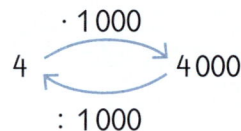

$$123 \xrightarrow[: 10]{\cdot 10} 1\,230 \qquad 23 \xrightarrow[: 100]{\cdot 100} 2\,300 \qquad 4 \xrightarrow[: 1\,000]{\cdot 1\,000} 4\,000$$

① Berechne das Zehnfache von 236, 22, 304, 16, 633, 50, 78, 599, 204, 563.

Schreibe so: $123 \cdot 10 = 1\,230$

② Berechne das Hundertfache von 23, 4, 36, 97, 50, 31, 73, 69, 70, 89.

Schreibe so: $23 \cdot 100 = 2\,300$

③ Berechne das Tausendfache von 4, 9, 6, 7, 3, 2, 5, 10, 1, 8.

Schreibe so: $4 \cdot 1\,000 = 4\,000$

Ich muss die Nullen beachten.

Wenn	$8 \cdot 3 = 24,$	
dann ist	$8 \cdot 30 = 240$ und	
	$8 \cdot 300 = 2\,400$ und	
	$80 \cdot 30 = 2\,400.$	

Wenn	$24 : 4 = 6,$	
dann ist	$2\,400 : 4 = 600$ und	
	$2\,400 : 40 = 60$ und	
	$2\,400 : 400 = 6.$	

④ a) $8 \cdot 30$ b) $9 \cdot 50$ ⑤ a) $7\,200 : 8$ b) $6\,300 : 7$ c) $5\,400 : 9$
   $8 \cdot 300$ $9 \cdot 500$ $7\,200 : 80$ $6\,300 : 70$ $5\,400 : 90$
   $80 \cdot 30$ $90 \cdot 50$ $7\,200 : 800$ $6\,300 : 700$ $5\,400 : 900$

⑥ Frau Schulz verpackt Bausteine.
Für 4 Kindergärten packt sie 8 Kartons mit je 400 gleichen Steinen.
a) Wie viele Bausteine verpackt sie insgesamt?
b) Wie viele Bausteine erhält jeder Kindergarten, wenn die Steine
   gleichmäßig auf die Kindergärten aufgeteilt werden?

7

Berechne das Produkt aus 37 und 100.

Berechne den Quotienten von 4 700 und 100.

Der Dividend heißt 3 720, der Divisor 10. Wie heißt der Quotient?

Die Faktoren heißen 900 und 6. Berechne das Produkt.

8 Mit Bausteinen soll eine Brücke gebaut werden.
Dazu werden 4 500 Steine benötigt. In jeder Packung befinden sich 500 Steine.

1 bis 3: Multiplizieren mit 10, 100 und 1000   4 und 5: Multiplizieren und Dividieren mit Vielfachen von 10 und 100
6 und 8: Sachverhalt erfassen, Frage finden (Nr. 8), Aufgaben finden, lösen und antworten   7: Rechenrätsel lösen

AH ▸ 12   TÜ ▸ 18–19

Übertrage die Tabellen in dein Heft und rechne.

①

·	40	30	70	200
30				
50				
20				
40				

②

:	2	20	200	4	40	400
8 000						
4 000						
2 400						
1 600						

③

a)
4 · 50
3 · 80
400 · 3
50 · 7
700 · 8

b) 900 · 4
9 · 800
20 · 70
70 · 90
7 · 700

④

a)
350 : 70
4 200 : 6
4 200 : 60
8 100 : 900
480 : 80

b) 3 200 : 4
5 400 : 60
3 600 : 600
1 600 : 40
4 500 : 500

> 5, 6, 6, 9, 9, 40, 70, 90, 200, 240, 350, 700, 800, 1 200, 1 400, 3 600, 4 900, 5 600, 6 300, 7 200

Finde passende Aufgaben.

⑤

a) **1 800**
3 · 600
30 · 60
300 ·
2 ·
20 ·
·

b) **2 400**
3 · 800
30 · 80
300 ·
4 · 600
·
·

c) **3 600**
4 · 900
40 ·
400 ·
6 ·
·
·

⑥ **5 600**
7 · 800
70 · 80
·
·
·

⑦

a) 20 · 30 + 3 · 400
2 · 70 + 4 · 200
60 · 50 + 5 · 70
40 · 70 + 4 · 300
3 · 30 + 6 · 500

b) 3 500 : 70 − 4 · 10
4 200 : 6 − 2 · 50
7 200 : 800 − 3 · 2
6 400 : 80 − 7 · 8
8 100 : 90 − 6 · 10

8
: 100 = 37
: 6 = 300
: 1 000 = 10
: 5 = 300
: 30 = 80

> 3, 10, 24, 30, 600, 940, 1 500, 1 800, 1 800, 2 400, 3 090, 3 350, 3 700, 4 000, 10 000

1. 3 · 5 + 4 · 2
6 · 3 + 5 · 9
7 · 8 + 3 · 8
4 · 3 + 9 · 6

2. 54 : 6 + 48 : 8
81 : 9 + 36 : 4
72 : 8 + 15 : 3
42 : 7 + 42 : 6

3. 6 · 8 + 3 · 9
7 · 9 − 4 · 5
9 · 8 − 4 · 9
8 · 7 − 5 · 6

4. 6 · 3 − 45 : 5
4 · 7 − 27 : 9
63 : 9 + 7 · 7
48 : 6 + 8 · 5

1 bis 6: Multiplizieren mit Vielfachen von 10 und 100; Dividieren durch Vielfache von 10 und 100
7 und 8: Rechnen mit mehreren Rechenarten in einer Aufgabe
AH ▸ 12   TÜ ▸ 18–19

23

Kilometer – Meter – Dezimeter – Zentimeter – Millimeter

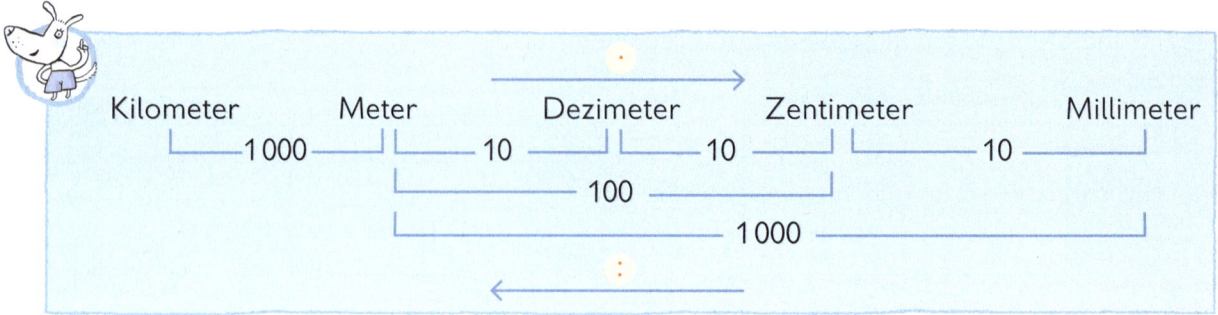

Kilometer	Meter	Dezimeter	Zentimeter	Millimeter
— 1000 —	— 10 —	— 10 —	— 10 —	
	— 100 —			
	— 1000 —			

① Sprecht über diese Übersicht.

② Welche Einheit würdest du beim Messen verwenden?

a) Dicke eines 1-ct-Stückes
b) Länge des Schulflures
c) Höhe deiner Schulmappe
d) Länge von Flüssen

e) Länge einer Ameise
f) Höhe von Bergen
g) Breite deines Hausaufgabenheftes
h) Entfernung zwischen zwei Städten

③ Wandle in die nächstkleinere Einheit um.

a) 6 cm
40 cm
85 cm
258 cm
506 cm

b) 8 dm
40 dm
65 m
98 m
100 m

c) 2,700 km
6,3 km
0,5 km
0,030 km
10 km

Das Komma trennt Kilometer und Meter.

1400 m

km	m
1	4 0 0

1,400 km
oder
1,4 km

④ Wandle in die nächstgrößere Einheit um.

a) 500 cm
8 000 cm
10 000 cm
50 cm

b) 45 mm
600 mm
4 mm
2 000 mm

c) 10 000 m
8 500 m
200 m
30 m

d) 80 dm
250 dm
1 000 dm
7 dm

⑤ Maria packt für ihre Freundin ein Geburtstagsgeschenk ein.
Wie viel Meter Schleifenband muss sie mindestens abschneiden,
wenn für die Schleife 20 cm benötigt werden?

15 cm

30 cm

50 cm

1: Umrechnungszahlen und Vorgehensweise beim Umrechnen wiederholen   2: Längeneinheiten zuordnen
3 und 4: Längenangaben umwandeln   5: Inhalt erfassen, Aufgabe bilden, lösen und antworten
AH ▸ 13   TÜ ▸ 20

1 Ordne folgende Längenangaben der Größe nach.
Beginne mit der kleinsten Längenangabe.

a) 75 m, 705 mm, 7 cm, 0,7 km, 750 m, 75 dm

b) 2 km, 50 dm, 500 m, 5 200 cm, 5 m 20 cm

2 Ordne zu.

○ Entfernung zwischen Harz und Ostsee
○ Höhe des höchsten Berges der Welt: Mount Everest
○ Länge des längsten Flusses der Welt: Nil
○ Entfernung Deutschland–Südafrika
○ Entfernung Magdeburg–Leipzig

130 km
6 670 km
400 km
10 000 km
8 848 m

3 a) Wandle um in Zentimeter. b) Wandle um in Meter. c) Schreibe in 2 Einheiten.

a)	b)	c)
80 mm	400 cm	6,45 m
530 mm	58 dm	15,80 m
5 m	6 000 mm	6,5 km
$\frac{1}{2}$ m	5 km 600 m	9,003 km
6 m 30 cm	0,3 km	3,5 dm
12 5 dm	6 m 50 cm	3,8 cm

4 Setze das richtige Zeichen < = > .

a)
63 cm ⬡ 63 mm
4000 m ⬡ 4 km
$\frac{1}{2}$ km ⬡ 550 m
6 dm ⬡ 59 m
50 mm ⬡ 42 cm

b)
4,5 cm ⬡ 45 mm
6 m 35 cm ⬡ 600 cm
5,4 km ⬡ 5,004 km
800 dm ⬡ 8 m
0,3 km ⬡ 30 m

c)
5 m 6 dm ⬡ 5,06 m
0,6 km ⬡ 6 000 cm
8,7 km ⬡ 8 km 7 m
5 m 7 cm ⬡ 5,70 cm
0,046 km ⬡ 46 cm

5

Waldheim 2,8 km

Schwimmbad 1,6 km

Ben ist zu Besuch bei seiner Tante in Waldheim. Heute möchte er mit dem Fahrrad ins Schwimmbad fahren. Wie viel Kilometer sind es hin und zurück?

1: Längenangaben der Größe nach ordnen   2: Größenvorstellungen entwickeln   3: Größenangaben umwandeln
4: Größenangaben vergleichen   5: Inhalt erfassen, Aufgabe finden, lösen und antworten
AH ▸ 13   TÜ ▸ 20

25

Die Zahlen bis 100 000

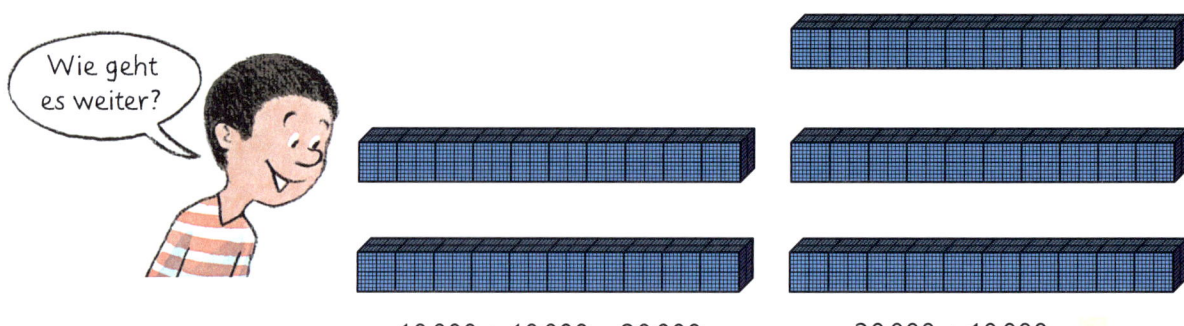

Wie geht es weiter?

$10\,000 + 10\,000 = 20\,000$ $20\,000 + 10\,000 =$

1 Übertrage die Tabelle in dein Heft und führe sie bis zu 10 Stangen weiter.

Anzahl der Stangen	Anzahl der Würfel
1	10 000
2	$10\,000 + 10\,000 = 20\,000$
3	$20\,000 + 10\,000 =$
4	$+ 10\,000 =$
.	.

10 Zehntausenderstangen sind 100 000 Würfel.
Schreibe: 100 000   Sprich: einhunderttausend

2 Zerlege die Zahlen.

Schreibe so: 58 473 $50\,000 + 8\,000 + 400 + 70 + 3$
                          $5\,ZT + 8\,T + H + Z + E$

a) 47 294   b) 78 139   c) 80 630   d) 92 047   e) 50 027   f) 41 200
   65 111   39 333   40 520   74 014   60 012   63 080

3 Übertrage die Stellenwerttafel in dein Heft und vervollständige sie.

	ZT	T	H	Z	E	Zahl				
5ZT 8T 8H 7Z 3E	5	8	8			5	8	8		
8ZT 0T 2H 0Z 6E	8	0				8				
3ZT 1T 0H 4Z 2E	3									
7ZT 4T 8H 5Z 0E										
4ZT 0T 0H 3Z 8E										

4 Lies die Zahlwörter. Schreibe zu jedem Zahlwort die Zahl auf.

a) vierunddreißigtausenddreihundert   b) dreiundsiebzigtausendsiebenhundert
c) sechsundzwanzigtausendvierundsiebzig   d) achtzigtausendfünf

1: Tabelle bis zur 100 000 vervollständigen   2: Zahlen zerlegen
3: Stellenwerttafel ergänzen   4: Zahlwörter lesen und ihnen jeweils die Zahl zuordnen
AH ▶ 14   TÜ ▶ 21–22

(1) Zähle vorwärts oder rückwärts:

a) in Zehntausenderschritten
   von 30 000 bis 80 000
   von 60 000 bis 20 000
   von 25 000 bis 95 000
   von 61 400 bis 21 400

b) in Tausenderschritten
   von 53 000 bis 58 000
   von 68 000 bis 62 000
   von 41 500 bis 47 500
   von 87 720 bis 81 720

(2) Ordne den Buchstaben die richtigen Zahlen zu.

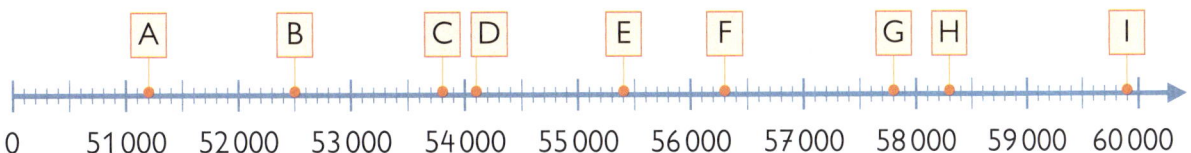

(3) Schreibe zu jeder Zahl den Vorgänger und Nachfolger auf. Fertige dazu eine Tabelle an.

a) 52 164, 45 023, 70 831, 28 530, 88 300
b) 53 010, 61 101, 50 610, 46 000, 70 000

V	Zahl	N
52 163	52 164	
	45 023	45 024
.	.	.

4 a) Ergänze zum nächsten Tausender.

43 300 + 700 = 44 000
38 600 +   =
21 520 +   =
15 210 +   =

b) Ergänze zum nächsten Zehntausender.

27 000 + 3000 = 30 000
78 000 +   =
51 000 +   =
84 000 +   =

5 a) Lege mit den Ziffernkärtchen die kleinstmögliche und die größtmögliche fünfstellige Zahl.

b) Lege drei weitere fünfstellige Zahlen.

c) Schreibe zu jeder Zahl das Zahlwort dazu.

6 Zahlen gesucht

a) Es ist die kleinste sechsstellige Zahl, deren Ziffern alle gleich sind.

b) Es ist die größte fünfstellige Zahl, bei der alle Ziffern gleich sind.

c) Es ist die größte sechsstellige Zahl, bei der alle Ziffern verschieden sind und die nicht die Ziffer Null enthält.

d) Es ist die kleinste fünfstellige Zahl, die nicht die Ziffer Null enthält.

1: Vorwärts/Rückwärts nach Vorgabe zählen   2: Zahlen den Buchstaben zuordnen
3: Vorgänger/Nachfolger bestimmen   4: Ergänzen zum T/ZT   5 und 6: Zahlen ermitteln und aufschreiben
AH ◗ 14   TÜ ◗ 21–22

27

Die Zahlen bis 1 000 000

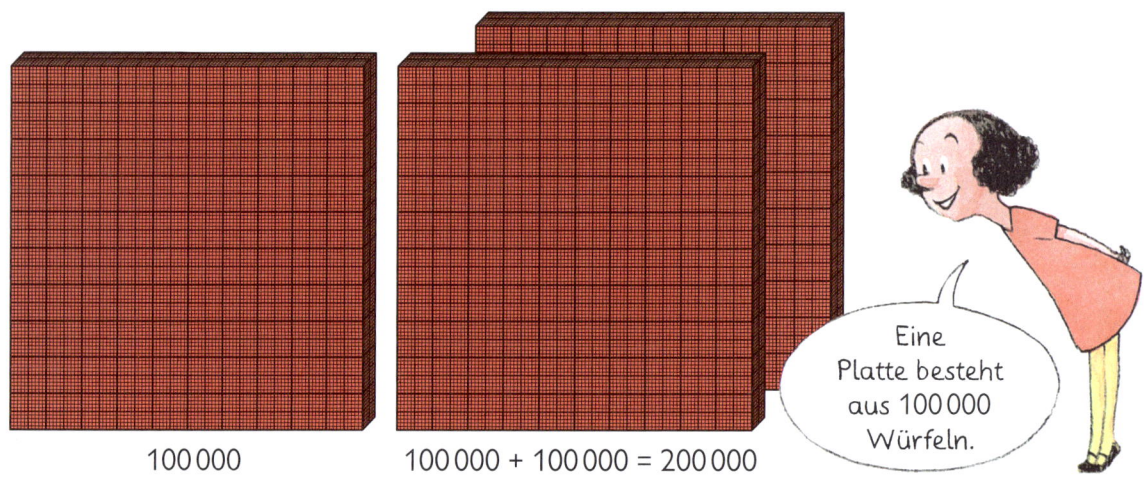

100 000

100 000 + 100 000 = 200 000

Eine Platte besteht aus 100 000 Würfeln.

① Übertrage die Tabelle in dein Heft und führe sie bis zu 10 Platten weiter.

Anzahl der Platten	Anzahl der Würfel
1	100 000
2	100 000 + 100 000 = 200 000
3	200 000 + 100 000 = ⬚
4	300 000 + ⬚
.	.

1 Million hat sieben Stellen.

1 Million hat sechs Nullen.

10 Hunderttausenderplatten sind 1 000 000 Würfel.
Schreibe: 1 000 000   Sprich: eine Million

② Zerlege die Zahlen.

Schreibe so: 247 368   200 000 + 40 000 + 7 000 + 300 + 60 + 8

2 HT + 4 ZT + ⬚ T + ⬚ H + ⬚ Z + ⬚ E

a) 382 294   b) 189 747   c) 560 439   d) 700 406   e) 607 403
   92 482   225 170   410 903   600 067   82 009

③ Übertrage die Stellenwerttafel in dein Heft und vervollständige sie.

7 HT 6 ZT 2 T 4 H 1 Z 5 E
5 HT 3 ZT 1 T 4 H 6 Z 7 E
8 HT 1 ZT 0 T 7 H 0 Z 2 E
2 HT 0 ZT 6 T 0 H 0 Z 3 E
9 HT 0 ZT 0 T 6 H 3 Z 0 E

HT	ZT	T	H	Z	E	Zahl
7	6	2	⬚	⬚	⬚	7 6 2
5	3	⬚	⬚	⬚	⬚	5 3
8	⬚	⬚	⬚	⬚	⬚	8
⬚	⬚	⬚	⬚	⬚	⬚	⬚
⬚	⬚	⬚	⬚	⬚	⬚	⬚

1: Anzahl der Würfel bestimmen   2: Zahlen zerlegen in HT, ZT, T, H, Z und E
3: Stellentafel ergänzen
AH ▸ 15–16   TÜ ▸ 23

1 Lies die Zahlen deinem Nachbar vor. Schreibe dann zu jedem Zahlwort die Zahl auf.

a) vierhundertsiebenunddreißigtausendzweihundertsechsundzwanzig
b) neunhundertsechsundzwanzigtausendvierhundertsiebzehn
c) sechshundertzwanzigtausendvierundfünfzig
d) achthunderttausenddrei

2 Zähle vorwärts oder rückwärts.

a) in Zehntausenderschritten
von 520 000 bis 580 000
von 825 000 bis 895 000
von 461 400 bis 411 400

b) in Tausenderschritten
von 642 000 bis 648 000
von 341 500 bis 347 500
von 197 630 bis 191 630

3 Ordne den Buchstaben die richtigen Zahlen zu.

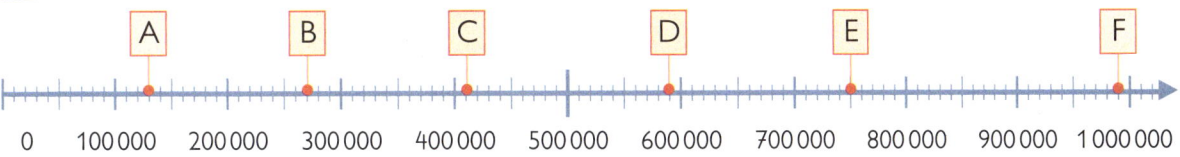

4 Schreibe zu jeder Zahl den Vorgänger und Nachfolger auf. Fertige dazu eine Tabelle an.

a) 136 251, 768 411, 519 862, 245 936
b) 342 619, 739 201, 447 299, 630 000

V	Zahl	N
136 250	136 251	
	768 411	768 412
.	.	.

5 Ergänze:

a) zum nächsten Zehntausender

Rechne und schreibe so: 563 000 + 7 000 = 570 000

274 000, 631 000, 815 000, 742 000, 478 000

b) zum nächsten Hunderttausender

Rechne und schreibe so: 680 000 + 20 000 = 700 000

350 000, 720 000, 810 000, 430 000, 620 000

Tipp:
Löse erst die bekannte Aufgabe und übertrage dann das Ergebnis.

c) zu einer Million

Rechne und schreibe so: 300 000 + 700 000 = 1 000 000

600 000, 400 000, 750 000, 810 000, 590 000

1. 300 + 700, 800 + 200
600 + 400, 400 + 600

2. 460 + 40, 350 + 50
720 + 80, 860 + 40

3. Ergänze zu 1000:
320, 180, 910, 440

1: Zahlwort lesen und Zahl zuordnen   2: Vor- und rückwärts zählen   3: Zahlen zuordnen
4: Vorgänger/Nachfolger bestimmen   5: Ergänzen zum Zehntausender, Hunderttausender und zur Million
AH ○ 15–16   TÜ ○ 23

29

Dresden
517 052 Einwohner

Erfurt
203 830 Einwohner

Schwerin
95 041 Einwohner

Potsdam
154 606 Einwohner

Magdeburg
230 456 Einwohner

Berlin
3 442 675 Einwohner

(1) Ordne die Einwohnerzahlen der Landeshauptstädte.
Beginne mit der kleinsten Einwohnerzahl.

(2) In Deutschland gibt es 4 Millionenstädte.
Welche Städte sind das? Gib ihre Einwohnerzahlen an.

Tipp:
Schau im Internet nach.

 [3] a) Erkläre deinem Nachbarn, wie Max und Anna Zahlen vergleichen.

Max: 637 823 und 912 974
        6 HT < 9 HT
        637 823 < 912 974

Anna: 497 152 und 458 638
         4 HT = 4 HT
         9 ZT > 5 ZT
         497 152 > 458 638

b) Vergleiche die Zahlen. Arbeite so wie Max und Anna.

367 482 und 291 472	658 130 und 649 320	189 600 und 219 950
409 220 und 600 172	735 096 und 761 111	217 090 und 208 347
716 057 und 598 324	647 835 und 643 899	367 528 und 367 479

[4] Vergleiche die Zahlen und setze die Zeichen < oder >.
Erkläre deinem Nachbarn, wie du vorgehst.

a)		b)		c)	
457 367	395 672	724 583	723 674	513 429	513 451
712 446	806 890	415 359	415 296	309 427	307 844
901 904	753 645	615 237	615 084	200 673	200 098
524 761	601 810	444 123	444 200	189 456	189 457

1: Einwohnerzahlen nach Vorschrift ordnen   2: Städtenamen und Einwohnerzahlen angeben
3: Vorgehensweise erklären und danach arbeiten   4: Relationszeichen setzen; Vorgehen erklären

AH ● 16   TÜ ● 24

1 Ordne die Zahlen und du findest die Lösungsworte.

a) Beginne mit der größten Zahl.

32 857	T		40 371	I		81 639	Z		328 870	R
81 936	I		701 345	F		129 798	E		43 071	E

b) Beginne mit der kleinsten Zahl.

190 200	I		39 423	S		109 423	W		309 426	M		706 108	D
414 326	B		320 121	M		53 085	C		60 423	H		414 327	A

2 Familie Krause will ein Haus kaufen. Hier sind die Preisangebote:

Haus 1: 230 500 €   Haus 2: 270 000 €   Haus 3: 320 000 €
Haus 4: 350 500 €   Haus 5: 280 300 €   Haus 6: 310 400 €

a) Welches Haus ist am teuersten?
b) Welche Häuser kosten weniger als 300 000 €?
c) Ordne die Preise. Beginne mit dem billigsten Haus.

3 Das sind die Teilnehmerzahlen des
„Känguru-Mathematikwettbewerbes" im Jahr 2010:

Teilnehmer in Deutschland

Klassenstufe	Teilnehmer
3	99 004
4	110 177
5	165 332
6	157 859
7	107 187
8	75 744
9	49 324
10	36 897
11–13	22 498

Teilnehmer aus Europa

Land	Teilnehmer
Österreich	163 300
Tschechien	315 600
Deutschland	824 000
Polen	268 000
Frankreich	323 000
Italien	48 700
Russland	1 954 900
Schweden	81 000
Ukraine	469 000

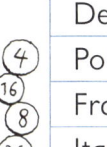

a) Ordne zuerst die Teilnehmerzahlen der Klassenstufen und dann
   die Teilnehmerzahlen der Länder. Beginne jeweils mit der kleinsten Zahl.
b) Aus welcher Klassenstufe haben in Deutschland die meisten Kinder
   an dem Wettbewerb teilgenommen?
c) In welchen Klassenstufen haben weniger als 90 000 Kinder teilgenommen?
d) Aus welchen Ländern haben mehr als 250 000 Kinder teilgenommen?

1: Zahlen nach Vorgabe ordnen und Lösungsworte finden   2: Preise nach Vorgabe ordnen; höchsten Preis bestimmen;
Preise unter 300 000 € bestimmen   3: Teilnehmerzahlen ordnen; Fragen beantworten
AH ● 16   TÜ ● 24

31

① Einwohnerzahlen einiger Orte in Brandenburg, Mecklenburg-Vorpommern und Sachsen-Anhalt

Rostock 201 442
Potsdam 154 606
Schwerin 95 041
Magdeburg 230 456
Halle 232 323
Stendal 42 717
Cottbus 101 671
Binz 5 483
Halberstadt 42 794
Neuzelle 4 497

a) Lies die Ortsnamen und die Einwohnerzahlen deinem Nachbarn vor.
b) Übertrage die Tabelle in dein Heft und vervollständige sie.

Ort	genaue Einwohnerzahl	ungefähre Einwohnerzahl
Rostock	201 442	201 000
Halberstadt	42 794	43 000
Binz	5 483	.
Halle	.	.

② Suche in Zeitungen und im Internet nach Angaben mit Näherungswerten. Schneide sie aus und klebe sie in dein Heft.

E-Books setzen sich in Deutschland langsamer als in anderen Ländern durch. Bisher besitzen nur etwa 80 000 Kunden ein Lesegerät für digitale Bücher.

Der Hockenheimring hat erstmals seit Jahren wieder einen Gewinn mit der Formel 1 eingefahren. Das Gastspiel der Motorsport-Königsklasse im Juli bescherte den Streckenbetreibern einen Überschuss von rund 140 000 €.

So werden Zahlen gerundet:

auf Vielfache von 10	auf Vielfache von 100	auf Vielfache von 1 000
Achte auf den Einer.	Achte auf den Zehner.	Achte auf den Hunderter.
362 ≈ 360	16 243 ≈ 16 200	133 371 ≈ 133 000
1 438 ≈ 1 440	8 463 ≈ 8 500	92 754 ≈ 93 000
15 725 ≈ 15 730	123 459 ≈ 123 500	102 593 ≈ 103 000

Rundungsregeln: Bei 0, 1, 2, 3, 4 runden wir ab. Bei 5, 6, 7, 8, 9 runden wir auf.
Sprich: ist angenähert (ist gerundet)   Schreibe: ≈

③ Erkläre, wie du auf Vielfache von 10 000 und auf Vielfache von 100 000 rundest.
124 672, 367 354, 735 267, 259 002, 752 301, 649 883, 94 678, 951 234

32

1 und 2: Ungefähre Zahlen angeben; danach Rundungsregeln besprechen
3: Rundungsregeln auf Vielfache von Zehntausend und Vielfache von Hunderttausend anwenden
AH ❯ 17   TÜ ❯ 25

①

Zum Spitzenspiel des FC Waldhausen kamen 31 690 Zuschauern.

Im Stadion befanden sich 15 633 Zuschauer.

Beim Spiel um den Herbstmeister waren 23 836 Zuschauer im Stadion.

Runde die Zuschauerzahlen auf Vielfache von 100 und auf Vielfache von 1 000.

Runde auf Vielfache von 10.

② a) 36
412
5 355

b) 12 328
4 173
82 899

c) 261
41 379
52 652

③ a) 433 €
1 678 €
38 677 €

b) 598 €
5 764 €
826 €

c) 371 kg
1 679 kg
465 kg

Runde auf Vielfache von 100.

④ a) 4 326
16 533
57 694

b) 74 580
22 247
8 734

c) 319
12 675
8 204

⑤ a) 622 €
1 568 €
891 €

b) 666 €
8 571 €
34 292 €

c) 1 673 kg
18 402 kg
46 993 kg

⑥ Wie könnten die Zahlen heißen, die Anna, Max, Ben und Tom auf Vielfache von 100 gerundet haben? Finde mindestens 3 Beispiele.

Anna:
Meine Zahl habe ich auf 6 500 abgerundet.

Max:
Meine Zahl habe ich auf 14 300 aufgerundet.

Ben:
Meine Zahl habe ich auf 3 200 aufgerundet.

Tom:
Meine Zahl habe ich auf 9 500 abgerundet.

⑦ Runde auf Vielfache von 1 000.

a) 3 193
28 679
336 543

b) 63 954
8 132
35 098

c) 7 854 €
26 403 €
354 960 €

⑧ Runde auf Vielfache von 10 000.

a) 38 463
321 699
22 943

b) 63 092
88 300
699 931

9 Finde Näherungswerte, wo es sinnvoll ist.

In unserer Schule lernen 192 Kinder.

Das Fußballspiel sahen 24 193 Zuschauer.

Das Klassenzimmer ist 980 cm lang.

Meine Freundin wohnt in der Nummer 123.

1 bis 5: Zahlen runden   6: Zahlen finden, die gerundet wurden   7 und 8: Zahlen runden
9: Sinnvolle Näherungswerte finden
AH ▶ 17   TÜ ▶ 25

33

Addieren und Subtrahieren

23 000 + 30 000
         23 + 30 =   53
23 000 + 30 000 = 53 000

Tipp: Löse die bekannte Aufgabe und übertrage das Ergebnis.

420 000 + 540 000
         42 + 54 =   96
420 000 + 540 000 = 960 000

1
a) 52 000 + 23 000
61 000 + 37 000
74 000 + 15 000
46 000 + 42 000

b) 17 000 + 32 000
33 000 + 56 000
54 000 + 11 000
63 000 + 36 000

c) 400 000 + 500 000
600 000 + 200 000
330 000 + 660 000
440 000 + 520 000

2 Erkläre deinem Nachbarn, wie du addierst.

a) 35 000 + 4 000
42 000 + 9 000
61 000 + 1 000
74 000 + 8 000

b) 57 000 + 25 000
78 000 + 80 000
42 000 + 44 000
36 000 + 27 000

c) 250 000 + 130 000
580 000 + 310 000
600 000 + 250 600
470 000 + 340 000

97 000 − 43 000
         97 − 43 =   54
97 000 − 43 000 = 54 000

Tipp: Löse die bekannte Aufgabe und übertrage das Ergebnis.

860 000 − 640 000
         86 − 64 =   22
860 000 − 640 000 = 220 000

3
a) 60 000 − 40 000
70 000 − 60 000
58 000 − 30 000
88 000 − 50 000

b) 56 000 − 32 000
49 000 − 20 000
67 000 − 16 000
78 000 − 43 000

c) 700 000 − 400 000
600 000 − 500 000
980 000 − 430 000
570 000 − 250 000

4
a) 78 000 € − 24 000 €
17 000 € + 62 000 €
330 000 € + 550 000 €
690 000 € − 480 000 €

b) 46 000 kg − 32 000 kg
25 000 kg + 26 000 kg
580 000 kg − 420 000 kg
160 000 kg + 260 000 kg

5 Zahlen gesucht
a) die Summe aus den Zahlen 46 000 und 54 000
b) die Differenz aus den Zahlen 666 000 und 66 000

1. 58 − 34	2. 89 − 77	3. 69 − 56	4. 99 € − 77 €	5. 84 km − 63 km
23 + 46	54 + 33	96 − 45	33 € + 66 €	27 km + 52 km

1 bis 4: Addieren und Subtrahieren von fünf- und sechsstelligen Zahlen – zurückführen auf bekannte Aufgaben
5: Aufgabe bilden und lösen
AH ▶ 18   TÜ ▶ 26

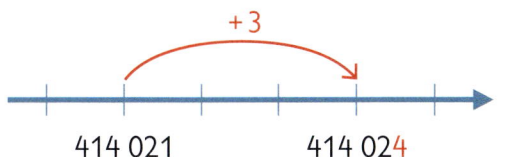

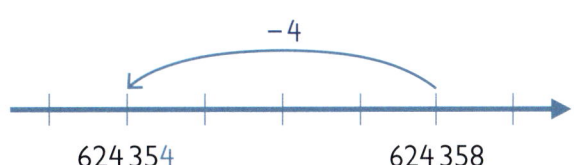

414 021   414 024

624 354   624 358

① Addiere.
414 021 +   3
414 021 +   30
414 021 +   300
414 021 +   3 000
414 021 + 30 000
414 021 + 300 000

② Subtrahiere.
624 358 –   4
624 358 –   40
624 358 –   400
624 358 –   4 000
624 358 – 40 000
624 358 – 400 000

③ a) 40 000 +   6
40 000 +   80
40 000 + 320
40 000 + 547

b) 60 000 + 3 200
45 000 +   734
2 972 + 70 000
15 + 21 000

c) 500 000 + 32 490
700 000 + 5 600
900 000 +   99
300 000 +   6

④ a) 74 000 – 28 000
98 765 – 10 000
50 657 – 30 000
88 444 – 44 000

b) 45 372 –   372
89 645 –   645
58 125 – 8 125
69 048 – 9 048

c) 570 000 – 420 000
700 000 – 350 000
625 085 –   85
479 363 –   363

5 Übertrage die Tabellen in dein Heft.

a) Addiere.

+	12	212	1 212	21 212
44 000				
58 000				

b) Subtrahiere.

–	45	345	27 000	39 000
67 345				
54 345				

6 Wahr oder falsch?

a) Die Summe aus den Zahlen 47 600 und 32 300 ist größer als 80 000.
b) Die Differenz aus 496 362 und 6 362 ist 49 000.
c) Die Summe aus 260 000 und 520 000 ist kleiner als die Differenz aus 980 000 und 210 000.
d) Die Summe aus 640 000 und 360 000 ist 1 Million.
e) Die Differenz aus 790 000 und 450 000 ist kleiner als die Summe aus 160 000 und 180 000.

1 bis 4: Addieren und Subtrahieren   5: Addieren und Subtrahieren in Tabellen
6: Aufgaben finden, lösen und über wahr und falsch entscheiden
AH ● 18   TÜ ● 26

35

Addieren mit zwei Summanden

①

Wie viele Menschen leben heute in der Stadt? Rechne und schreibe so:

26 230 + 1 429

ZT	T	H	Z	E
2	6	2	3	0
+	1	4	2	9
				9

② Überschlage zuerst. Rechne dann genau.

a) 35 413
+ 13 255

b) 62 316
+ 37 521

c) 56 352
+ 3 606

d) 42 614
+ 384

e) 92 713
+ 276

42 998
48 668
59 958
92 989
99 837

③ Überschlage erst, schreibe dann stellengerecht untereinander. Kontrolliere mit der Quersumme der Ergebniszahlen. Sie ist immer 23.

a) 52 122 + 34 112
27 112 + 42 121
91 121 + 1 422
29 221 + 142

b) 31 322 + 60 213
24 123 + 34 301
73 221 + 242
44 111 + 1 641

c) 432 104 + 311 112
211 132 + 221 017
542 101 + 5 302
141 110 + 30 741

Die Quersumme ist die Summe aus den Ziffern einer Zahl.
4 321   4 + 3 + 2 + 1 = 10

④ Achte beim Addieren auf den Übertrag.

56 432
+ 2 477
1
58 909

a) 35 468
+ 43 426

b) 27 652
+ 41 283

c) 57 948
+ 21 264

d) 63 627
+ 7 584

e) 2 684
+ 53 541

f) 784
+ 46 538

g) 259 428
+ 31 541

h) 453 774
+ 258 417

⑤ a) Im Erlebnispark wurden die 4 325 m langen Schienen der Kindereisenbahn um 889 m verlängert. Wie lang ist die Strecke jetzt?

b) Ben behauptet, es fehlen nun noch 786 m bis zu einer Strecke von 6 km. Stimmt das?

1. Berechne die Quersumme der Zahlen 387, 682, 4198, 5269.
2. Addiere: 182 + 241, 335 + 185, 294 + 127, 282 + 229.

1 und 2: Addieren, Ergebnis mit dem Überschlag vergleichen   3: Addieren, Ergebnis mit der Quersumme kontrollieren
4: Addieren mit Übertrag   5: Inhalt erfassen, Aufgabe finden, lösen und antworten
AH ○ 19   TÜ ○ 27

1

21 345	56 045	36 790	
			6 821
24 945		79 018	
	7 831		43 812
36 120	18 358	982	
			45 720

Wähle dir immer zwei Zahlen aus, deren Summe nicht größer als 80 000 ist.

Schreibe so auf:

21 345 + 45 720 < 80 000

2
a) $\begin{array}{r} 13\,376\,€ \\ +\ 24\,920\,€ \\ \hline \end{array}$
b) $\begin{array}{r} 26\,974\,€ \\ +\ 9\,248\,€ \\ \hline \end{array}$
c) $\begin{array}{r} 4\,596\,€ \\ +\ 12\,760\,€ \\ \hline \end{array}$
d) $\begin{array}{r} 245\,670\,€ \\ +\ 327\,789\,€ \\ \hline \end{array}$
e) $\begin{array}{r} 507\,483\,€ \\ +\ 36\,253\,€ \\ \hline \end{array}$

f) $\begin{array}{r} 42\,379\,km \\ +\ 23\,157\,km \\ \hline \end{array}$
g) $\begin{array}{r} 66\,712\,km \\ +\ 31\,479\,km \\ \hline \end{array}$
h) $\begin{array}{r} 392\,457\,km \\ +\ 253\,165\,km \\ \hline \end{array}$
i) $\begin{array}{r} 282\,734\,km \\ +\ 69\,148\,km \\ \hline \end{array}$

3
a) $\begin{array}{r} 23\ ▓\,592 \\ +\ ▓6\,4\ 31\ ▓ \\ \hline 695\ ▓09 \end{array}$
b) $\begin{array}{r} 4\ ▓3\,92\ ▓ \\ +\ 232\ ▓47 \\ \hline ▓86\ 175 \end{array}$
c) $\begin{array}{r} ▓96\ ▓▓9 \\ +\ 2\ ▓▓\,238 \\ \hline 610\ 627 \end{array}$
d) $\begin{array}{r} 52\ ▓\,43\ ▓ \\ +\ 4\ ▓3\,2\ ▓7 \\ \hline ▓92\ ▓61 \end{array}$

4 Welche Kinder haben beim Addieren einen Fehler gemacht?
Finde den Fehler und löse die Aufgabe fehlerlos in deinem Heft.

Tom	Max	Anna	Ben
23 473	294 385	735 943	458 279
+ 9 471	+ 335 694	+ 149 632	+ 321 567
1	1 1 1 1		1 1
118 183	630 079	874 575	789 846

5 Die größte Summe hat gewonnen.
Ihr braucht: Ziffernkarten von 0 bis 9

So geht es: Jedes Kind bildet aus den Ziffernkarten zwei fünfstellige Zahlen.
Ihr dürft jedes Kärtchen nur einmal verwenden.
Addiert beide Zahlen schriftlich. Vergleicht eure Ergebnisse.
Gewonnen hat derjenige, dessen Summe möglichst nahe an 100 000 ist.

$\begin{array}{r} 42\,809 \\ +\ 67\,531 \\ 11\ \ \ 1 \\ \hline 110\,340 \end{array}$

1: Summen aus zwei Zahlen bilden, die kleiner als 80 000 sind 2: Addieren von Größenangaben 3: Fehlende Ziffern bestimmen
4: Fehler finden und korrigieren 5: Additionsspiel durchführen

37

AH ▸ 19 TÜ ▸ 27

Addieren mit mehr als zwei Summanden

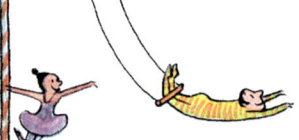

Am Wochenende war der Zirkus in der Stadt.
Es kamen am Freitag 665 Besucher zur Vorstellung.
Am Samstag kamen 824 und am Sonntag
543 Besucher.
Wie viele Besucher kamen insgesamt?

Rechne und schreibe so:

Ü: 700 + 800 + 500 = 2 000

```
  T H Z E
    6 6 5
+   8 2 4
+   5 4 3
  2 1 1
  2 0 3 2
```

(1) Überschlage zuerst, rechne dann genau.

a) 8 934
  + 2 462
  +   178

b) 19 538
  + 7 643
  + 3 562

c)   395
  + 28 217
  + 6 845

d)   159
  + 3 234
  +   324

2 Überschlage zuerst. Schreibe dann stellengerecht untereinander und addiere.
Achte auf den Übertrag.

a) 4 231 +   154 + 3 213
   12 453 + 21 594 +   812
      135 + 19 483 + 1 254
   83 675 +   278 + 12 345

b) 81 522 + 81 421 +   951
   15 004 + 23 999 + 20 184
   29 123 + 1 259 +   134
   99 787 +   548 + 31 981

```
 7 598  20 872  30 516
34 859  59 187  96 298
   132 316  163 894
```

c) 122 576 + 239 112 + 34 566
   239 331 + 90 221 + 88 764
   411 923 + 112 199 + 100 299
   552 388 + 290 909 +   2 233

d) 455 122 + 290 000 +   9 900 +   333
   392 286 + 43 800 +   2 087 + 21 345
    31 000 +   3 330 + 122 455 + 90 110
       199 + 456 243 +   2 700 +   99

```
246 895  396 254  418 316  459 241  459 518  624 421  755 355  845 530
```

3 Familie Kluge hat im Lotto 198 354 € gewonnen.
Sie will sich gern ein Haus bauen. Gespart hat die Familie 92 800 €.

Herr Kluge hat notiert:

Reicht das Geld für den Hausbau?

Bauland	74 640 €
Haus	211 380 €
Bepflanzung	979 €
Zaun	2 065 €

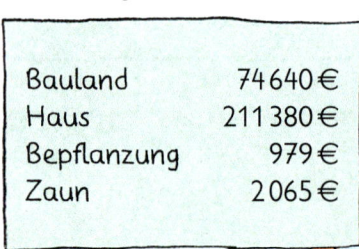

Finde die fehlenden Ziffern.

1 a)
```
    5 7 1 4 ▓
 + 2 8 ▓ 3 2
 +   ▓ 2 ▓ 3
 ─────────────
   ▓ 8 0 9 6
```

b)
```
    2 6 4 3 3
  + 7 ▓ 4 2 ▓
  + 1 4 ▓ ▓ 6
 ─────────────
    1 1 1 1 1 1
```

c)
```
    9 2 9 3 ▓
  +   6 ▓ ▓ ▓ 7
  +   ▓ 2 5 1 5
 ───────────────
    9 8 7 6 5 4
```

2 a)
```
    3 472 km
  +   948 km
  + 8 239 km
```

b)
```
   23 109 km
  + 6 540 km
  +   874 km
```

c)
```
      938 €
  + 43 271 €
  +  8 040 €
```

d)
```
    7 392 m
  +   885 m
  + 52 048 m
```

```
12 659
30 523
52 249
60 325
```

3 Addiere. Achte auf die Einheiten.

Rechne und schreibe so:

786 m + 3,250 km + 1 286 m

```
    786 m
  3 250 m
+ 1 286 m
  ─────────
   1 2 1
  5 322 m
```

Nur Größenangaben mit gleichen Einheiten kannst du addieren.
Deshalb musst du immer alle Angaben in eine Einheit umwandeln.

a) 2,745 m + 3 478 cm + 983 cm

b) 5 497 m + 0,5 km + 1,357 km

c) 60 427 m + 18,923 km + 5 427 m

d) 4,482 km + 12 459 m + 89 m

e) 14,75 € + 678 ct + 10 734 ct

f) 579 ct + 3,91 € + 54 278 ct

4 Bilde Additionsaufgaben mit drei dieser Zahlen.

```
14 281      11 111      25 730
     30 000     5 454        3 232
31 250    25 710        5 712
   5 819        9 898      8 989
```

a) Die Summe soll kleiner als 20 000 sein.

b) Die Summe soll größer als 40 000 sein.

c) Die Summe soll größer als 20 000 und kleiner als 40 000 sein.

5 Die Grundschule am Stadtpark hat für den neuen Spielplatz einen Rutschturm für 2 599 €, eine Schaukel für 819 € und ein Spielhaus für 1 899 € bestellt. Was muss die Schule dafür bezahlen?

1: Ziffern finden   2 und 3: Addieren mit Größenangaben   4: Summen bilden
5: Inhalt erfassen, Aufgaben bilden, lösen und antworten
AH ▶ 20   TÜ ▶ 28

39

Subtrahieren mit einem Subtrahenden

Das Kinderkino hatte im vergangenen Jahr 82 586 Besucher. In diesem Jahr kamen 1473 Besucher weniger. Wie viele Kinder kamen in diesem Jahr?

Rechne und schreibe so:

Ü: 83 000 − 1 500 = 81 500

ZT	T	H	Z	E
8	2	5	8	6
−	1	4	7	9
			1	
8	1	1	0	7

1 Überschlage erst und rechne dann genau.

a)   2 756
   − 1 328

b)   8 439
   − 3 284

c)   27 425
   −   4 717

d)   46 505
   − 35 738

e)   70 624
   − 35 847

f)   234 341
   − 127 165

g)   555 237
   − 327 582

h)   720 810
   −   35 903

i)   600 423
   −   43 619

j)   806 143
   −   957

1 428   5 155   10 767   22 708   34 777   107 176   227 655   556 804   684 907   805 186

2 Überschlage erst. Schreibe dann stellengerecht untereinander und subtrahiere.
Kontrolliere mit der Quersumme der Ergebniszahl.
Sie ist bei allen Lösungszahlen 17.

a) 94 983 − 21 571
   438 989 − 423 438
   799 789 − 713 678
    98 550 −   2 539

b) 129 799 −   6 347
    98 879 −   7 647
   677 869 − 565 631
   276 979 − 54 176

c) 798 798 − 465 466
   148 999 −   6 575
   775 555 − 522 323
    35 788 −   1 643

3

Wie groß ist die Differenz aus den Zahlen 741 147 und 88 888?

Subtrahiere von der Zahl 50 000 die Zahl 23 123.

Der Minuend ist 34 255 und der Subtrahend 7 766. Wie heißt die Differenz?

1.   63 − 47   82 − 55   123 − 37   145 − 75   346 − 95
2. 949 − 241   889 − 253   789 − 234   941 − 566   882 − 435

1 und 2: Überschlagen und Subtrahieren   2: Kontrolle mit der Quersumme
3: Gesuchte Zahlen berechnen
AH ▶ 21   TÜ ▶ 29

1 Bilde zuerst den Überschlag. Berechne dann die Differenz. Kontrolliere das Ergebnis mit der Quersumme.

Achtung! QS ist die Abkürzung für das Wort „Quersumme".

a) 8 743 – 4 588 QS 15
    9 332 – 1 924 QS 19
    7 898 – 2 341 QS 22

b) 53 200 – 21 212 QS 29   c) 267 144 – 110 584 QS 23
   27 124 –   870 QS 19   434 212 –   1 690 QS 18
   64 281 – 19 402 QS 32   743 132 – 294 380 QS 30

2 Ergänze die fehlenden Ziffern.

a)   8 4 2 ✦ 5
   –   ✦ 6 7 ✦
   ─────────────
     8 1 ✦ 6 1

b)   5 3 1 9 4
   – 1 ✦ ✦ 3 ✦
   ─────────────
     3 9 1 5 8

c)   9 ✦ 7 ✦ 5
   –   1 ✦ 3 ✦
   ─────────────
     9 7 5 3 1

d)   8 9 ✦ 7 ✦
   – 1 ✦ 2 8 9
   ─────────────
     ✦ 6 3 ✦ 4

3 Bilde Subtraktionsaufgaben mit zwei dieser Zahlen. Die Differenz

a) ist kleiner als 15 000,
b) ist größer als 20 000,
c) liegt zwischen 15 000 und 20 000.

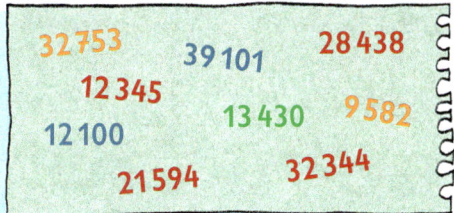

32 753   39 101   28 438
   12 345
       13 430   9 582
12 100
      21 594   32 344

4 a)   2 345 € –   789 €   b) 37 546 km – 23 985 km   c) 512 235 € – 36 989 €
       22 450 € – 11 890 €   58 109 km – 9 205 km   772 063 km – 7 432 km

5 Im Autohaus „Die FLITZER" wurden im Monat Mai für 245 367 € Autos verkauft. Das waren 67 286 € weniger als im Monat April.
Wie viel Euro hat das Autohaus im April eingenommen?

6 Familie Schneider kauft sich einen Swimming-Pool. Der Preis beträgt 2 234 €.
Der Verkäufer gibt einen Preisrabatt von 341 €.
Wie viel Euro muss Familie Schneider bezahlen?

SWIMMING - POOL 2234 €

jetzt 341 € RABATT

1. Bilde die Quersumme der Zahlen: 539, 706, 1582, 4 938, 23 796.
2. Welche Zahlen liegen zwischen den Zahlen 48 und 56, 219 und 225?

1: Subtrahieren, Kontrolle mit der Quersumme   2: Fehlende Ziffern finden   3: Subtraktionsaufgaben finden
4: Subtrahieren von Größenangaben   5 und 6: Inhalt erfassen, Aufgabe finden, lösen und antworten
AH ● 21   TÜ ● 29

41

Subtrahieren mit zwei Subtrahenden

Das Fahrradwerk stellte im Januar 3 797 Sporträder her. Davon wurden 1 842 Räder an Fahrradhändler geliefert. Im Direktverkauf ab Werk wurden 312 Räder verkauft. Wie viele Sporträder sind von der Januarproduktion noch übrig?

Anna schreibt auf: 3 797 − 1 842 − 312 = ▢   Ü: 4 000 − 2 000 − 300 = 1 700
Sie macht daraus zwei Aufgaben und rechnet:

1. Schritt: 3 797   2. Schritt: → 1 955
             − 1 842   −   312
              ₁   1 643
              1 955 ──────────────┘

Erkläre, wie Anna gerechnet hat.

① Rechne wie Anna: a) 7 493 − 4 272 − 221   b) 94 328 − 14 444 − 1 521
                       8 864 − 5 412 − 432   79 849 − 14 315 − 2 113
                       4 865 − 1 302 − 2 122   36 571 − 2 164 −   610

1 441 3 000 3 020 33 797 63 421 78 363

Tom rechnet und schreibt so: Ü: 4 000 − 2 000 − 300 = 1 700

```
  T H Z E
  3 7 9 7     2E + 2E + 3E =  7E , schreibe 3
− 1 8 4 2     1Z + 4Z + 4Z =  9Z, schreibe 4
−   3 1 2     3H + 8H + 6H = 17H, schreibe 6 und übertrage 1
  ₁           1T + 1T + 1T =  3T, schreibe 1
  1 6 4 3
```

Erkläre die Rechnung von Tom.

② Rechne wie Tom: a)   4 975   b)   9 658   c) 26 824   d) 242 549
                     − 2 110   − 6 013   − 2 401   − 123 123
                     −   604   − 1 245   − 9 203   − 40 205

2 261 2 400
15 220
79 221

③ Schreibe zuerst stellengerecht untereinander und rechne dann.
Beginne mit dem Überschlag.

a) 77 653 − 7 223 − 5 677   b) 21 584 − 2 374 − 12 011
   83 418 −   999 − 4 101   34 333 − 4 388 − 2 229
   50 000 − 2 559 −   341   129 988 − 42 732 − 64 338
   31 134 −   122 − 9 877   232 323 − 71 882 − 48 566

7 199 21 135
22 918 27 716
47 100 64 753
78 318 111 875

1: Subtrahieren mit zwei Teilaufgaben
2 und 3: Subtrahieren nach dem schriftlichen Verfahren
AH ▸ 22   TÜ ▸ 30

1 Subtrahiere. Kontrolliere mit der Quersumme (QS).

a) 146 580 – 121 200 – 8 409 QS 24
b) 525 534 – 209 945 – 307 433 QS 20
c) 434 199 – 117 205 – 312 408 QS 23
d) 558 123 – 492 111 – 3 567 QS 21
e) 254 121 – 199 352 – 999 QS 22

Quersumme:
3 + 7 + 2 + 1 + 8 + 5 = 26
Zahl:
372 185
5

2 Finde die fehlenden Ziffern.

a)
```
  7 7 7 *
– * 2 3 2
– 1 5 * 5
  3 * 3 0
```

b)
```
  9 * 7 6
– 2 2 * 2
– 3 3 3 *
  * 3 3 1
```

c)
```
  1 * 4 5 6
–   3 * 8 8
–   2 7 2 9
    6 2 * *
```

d)
```
  2 9 4 3 *
– 1 7 5 * 1
–   3 * 2 2
    * 5 0 0
```

3 Schreibe stellengerecht untereinander und subtrahiere.

a)
122,50 € – 37,50 € – 41,00 €
289,99 € – 67,30 € – 9,99 €
1 525,99 € – 78,50 € – 87,50 €

b)
343,89 € – 245,50 € – 9,90 €
788,99 € – 102,00 € – 24,95 €
4 560,80 € – 160,20 € – 79,30 €

4 Wie viel Geld bekommen die Kinder zurück?

Ben: 
100

19,90
12,95

Anna: 
50

3,99
6,49

Lisa: 
20

1,99
3,49
Frischer Saft
Vitamine!

5 Die Familie Holm hat 1250 € gespart.
Sie kauft sich drei Fahrräder.
Das Rad für die Mutti kostet 370 €,
das für den Vati 499 € und das für
den Sohn 279 €.
Wonach kannst du fragen?
Stelle verschiedene Fragen,
finde dazu die Aufgaben.
Löse die Aufgaben und antworte.

1: Subtrahieren, Ergebnis mit der Quersumme vergleichen 2: Fehlende Ziffern ermitteln 3: Geldbeträge subtrahieren
4: Addieren und Subtrahieren 5: Fragen und Aufgaben finden, lösen und antworten
AH ▶ 22 TÜ ▶ 30

Gleichungen

$$5\,624 + \blacksquare = 5\,650$$
$$5\,624 + 26 = 5\,650$$
$$5\,624 + x = 5\,650$$
$$x = 26$$

○ An Stelle eines Platzhalters kann auch ein kleiner Buchstabe stehen.
○ Kleine Buchstaben, die für Zahlen stehen, heißen Variable.

1
a)
$5\,624 + 133 = x$
$6\,845 + 253 = x$
$3\,950 + 140 = x$
$5\,089 + 909 = x$

b)
$2\,435 + x = 2\,879$
$6\,982 + x = 7\,058$
$3\,628 + x = 4\,609$
$7\,556 + x = 8\,030$

c)
$x + 321 = 6\,547$
$x + 537 = 3\,058$
$x + 826 = 7\,450$
$x + 608 = 5\,539$

2
a)
$6\,479 - 355 = a$
$7\,529 - 462 = a$
$3\,509 - 608 = a$
$5\,189 - 629 = a$

b)
$5\,382 - a = 4\,141$
$6\,853 - a = 6\,305$
$9\,999 - a = 8\,063$
$8\,064 - a = 7\,895$

c)
$a - 213 = 5\,768$
$a - 726 = 6\,085$
$a - 567 = 3\,208$
$a - 631 = 7\,989$

3
a)
$214 + 233 = x$
$617 + z = 838$
$w + 244 = 1\,783$
$346 + u = 482$

b)
$2\,653 - 243 = a$
$967 - c = 421$
$e - 274 = 126$
$3\,450 - d = 354$

c)
$6\,107 + x = 6\,820$
$x - 372 = 419$
$x + 516 = 977$
$3\,460 - x = 2\,860$

4

x	y	x + y
4 726	243	
597	325	
1 908	245	
627		4 007

x	y	x − y
3 507	437	
2 954	963	
5 803	605	
	172	2 312

x	y	x − y
	645	546
	729	280
3 650		2 900
7 403		5 801

Ich probiere es mit ausgedachten Zahlen.

5 Entscheide: „ist sicher", „ist möglich" oder „ist unmöglich"?

a) Die Summe ist halb so groß wie ein Summand.
b) Der Minuend ist doppelt so groß wie der Subtrahend.
c) Die Differenz aus 7 005 und 3 000 ist größer als 2 000.
d) Die Differenz ist um 200 kleiner als der Subtrahend.

6 Schreibe eine Gleichung auf. Setze an Stelle der fehlenden Zahl eine Variable. Löse die Gleichung.

a) Ein Summand ist 309, die Summe 5 780.
b) Der Minuend ist 8 365, die Differenz 7 965.
c) Der Subtrahend ist 251, die Differenz 2 462.
d) Ein Summand ist 340, die Summe ist doppelt so groß.

Die Umkehraufgaben helfen dir beim Finden der Lösungen.

1 bis 3: Additions- und Subtraktionsgleichungen lösen   4: Addieren und Subtrahieren in Tabellen
5: Wahrheitsgehalt überprüfen, Aussage begründen   6: Gleichungen finden und lösen

AH ● 23   TÜ ● 31

Gleichung: 8 421 + x = 8 471
                        x =   50
Ungleichung: 1 248 + x < 1 254
                        x = 0, 1, 2, 3, 4, 5

Ungleichungen können
○ nur eine Lösung,
○ mehrere Lösungen oder
○ keine Lösungen haben.

1 Gib alle Zahlen an, die du für a einsetzen kannst.

a) 5 768 + a < 5 772
   6 897 + a < 6 904
   2 098 + a < 2 103
   3 909 + a < 3 914
   4 645 + a < 4 652

b) a + 8 796 < 8 803
   a + 5 207 < 5 213
   a + 2 495 < 2 502
   a + 6 248 < 6 251
   a + 7 075 < 7 083

c) 3 420 − a > 3 415
   4 304 − a > 4 297
   7 002 − a > 6 996
   5 003 − a > 4 995
   6 185 − a > 6 179

2 Gib die kleinste und die größte Zahl an, die du für x einsetzen kannst.

a) 6 340 + x < 6 851
   7 160 + x < 7 572
   3 291 + x < 3 305
   4 510 + x < 4 600
   5 788 + x < 6 001

b) 5 630 − x > 4 530
   8 724 − x > 8 700
   6 438 − x > 6 399
   8 327 − x > 8 297
   7 004 − x > 6 380

c) 9 040 > 8 960 + x
   5 406 < 5 420 − x
   3 200 > 3 110 + x
   1 309 > 1 290 + x
   4 601 > 2 899 + x

3 Gib immer drei Zahlen an, die du für x einsetzen kannst.

a)   63 000 + x < 69 000
     33 000 + x < 38 000
     78 000 + x < 83 000
    423 000 + x < 430 000
    518 000 + x < 536 000

b) x + 128 000 < 133 000
   x + 213 000 < 220 000
   x + 349 000 < 353 000
      27 000 + x < 33 000
   642 000 + x < 673 000

c) 704 000 − x > 698 000
   898 000 + x < 906 000
   538 000 − x > 536 005
   x + 328 000 < 341 000
   x − 216 500 > 320 000

4 Zahlen gesucht

Ich denke mir eine Zahl x, addiere zu ihr 310 und erhalte die Zahl 650.

Ich denke mir eine Zahl y, subtrahiere von ihr 750 und erhalte die Zahl 4 350.

Um wie viel ist die größte fünfstellige Zahl kleiner als die größte sechsstellige Zahl?

< oder > ?

1. 4 300 + 600 ◯ 4 800
   7 840 + 70 ◯ 7 920

2. 5 281 ◯ 4 851 + 400
   6 304 ◯ 7 204 − 700

3. 3 840 − 740 ◯ 3 040
   7 350 − 800 ◯ 6 500

1 bis 3: Ungleichungen lösen
4: Gleichungen bilden und lösen
AH ⊙ 23   TÜ ⊙ 31

45

Fernsehturm Berlin

Eiffelturm Paris

Kölner Dom Köln

Burj Khalifa Dubai

Schiefer Turm Pisa

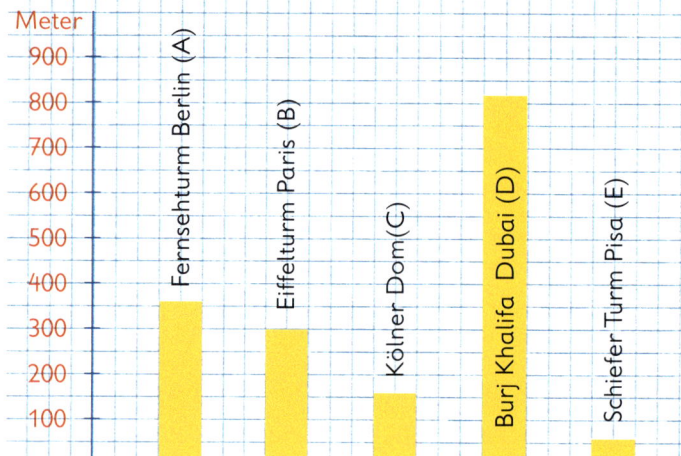

Gebäude	Höhe	
	abgelesen	genau
A		
B		
C		
D		
E		

① Lies die ungefähren Höhen der Gebäude ab und trage
sie in eine Tabelle ein. Trage auch die genauen Höhen ein.

② Wie viel Meter ist das Gebäude in Dubai höher als:

a) der Berliner Fernsehturm,
b) der Kölner Dom?
Überschlage erst und rechne dann genau.
Vergleiche den Überschlag mit deinem Ergebnis.

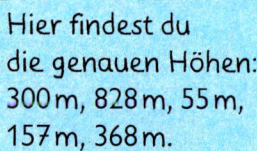

Hier findest du
die genauen Höhen:
300 m, 828 m, 55 m,
157 m, 368 m.

3 Wahr oder falsch?

a) Der Kölner Dom ist ungefähr dreimal so hoch wie der Schiefe Turm von Pisa.
b) Das höchste Gebäude von Dubai ist etwa 15-mal höher als
der Schiefe Turm von Pisa.
Überschlage erst und rechne dann genau.
Vergleiche den Überschlag mit deinem Ergebnis.

1: Die Höhen aus dem Diagramm entnehmen und in eine Tabelle eintragen; tatsächliche Höhen finden und zuordnen
2: Überschlagen und dann die Differenz berechnen   3: Aussagen mit Überschlag und Rechnung prüfen
AH ● 24   TÜ ● 32

1 Der Parkplatz vor dem Rathaus hat 320 Parkplätze. Die Stadtverwaltung hat überprüft, wie der Parkplatz zu unterschiedlichen Zeiten belegt ist.

Zeit	8 Uhr	10 Uhr	12 Uhr	14 Uhr	16 Uhr	18 Uhr	20 Uhr
Besetzt	270	302	285	311	299	315	260
Frei							

a) Übertrage die Tabelle in dein Heft. Berechne die Anzahl der freien Parkplätze und vervollständige die Tabelle.
b) Zu welcher Zeit waren die meisten Parkplätze besetzt?
c) Stimmt es, dass um 20 Uhr ein Viertel der Parkplätze nicht besetzt war?

 Ben und Anna betreuen das Meerschweinchen „Nicki" im Schulzoo. Sie haben es jeden Monat gewogen. Das Streifendiagramm zeigt, wie sich das Gewicht von Nicki verändert hat.

Gewicht — 0 1 2 3 4 5 6 7 8 9 10 11 12 Monate

Beachte: 1 mm Streifenhöhe bedeutet 10 g.

a) Aus dem Streifendiagramm kannst du das Gewicht von Nicki ablesen. Fertige dazu eine Tabelle an:

Monat	1.	2.	3.	
Gewicht				

b) Nicki ist jetzt 12 Monate alt. Wie schwer war er nach $\frac{1}{4}$ Jahr, $\frac{1}{2}$ Jahr und nach einem $\frac{3}{4}$ Jahr?
c) Wie viel hat Nicki zugenommen: vom 1. Monat bis zum 2. Monat, vom 3. Monat bis zum 4. Monat?

1: Tabelle vervollständigen, Zahl der besetzten/freien Plätze errechnen
2: Gewicht ermitteln und in die Tabelle eintragen, Gewicht für Teile des Jahres bestimmen, Gewichtszunahme berechnen
AH ● 24   TÜ ● 32

47

Sachaufgaben – Besondere Wörter

vergrößert um (auf)	weiter als	doppelt so viel
verkleinert um (auf)	mehr als	dreimal so viel
verlängert um (auf)	kürzer als	das Doppelte
verkürzt um (auf)	weniger als	das Dreifache
kürzer als	je, pro, zu	das Vierfache
länger als	dazu, hinzu	die Hälfte
erhöht um (auf)	weg, übrig	der dritte Teil
vermehrt um (auf)	davon	der vierte Teil
verringert um (auf)	insgesamt	
	zusammen	

1 Zur Verteilung der Pakete auf die einzelnen Postämter fährt der Postfahrer wöchentlich eine Strecke von 985 km.
Wegen vieler Umleitungen hat sich die Gesamtstrecke um 137 km verlängert.
Wie viel Kilometer muss der Postfahrer jetzt fahren?

2 Im November und Dezember stellt die Post verstärkt Aushilfskräfte ein. Im Dezember erhöht sich dadurch die Zahl der Arbeitskräfte um 376. Insgesamt waren im Dezember 2 092 Männer und Frauen im Zustelldienst tätig.
Wie viele Arbeitskräfte waren im November beschäftigt?

3 Der Postfahrer lädt 129 Pakete zu je 9 kg und 92 Pakete zu je 20 kg in das Postauto.
Wie viel Kilogramm hat das Auto insgesamt geladen?

4 Die Postautos der Zentralpost haben im Dezember zusammen 2 474 l Benzin verbraucht.
Das sind 385 l mehr als im November.
Wie viel Liter Benzin wurden im November verbraucht?

5 Im Dezember wurden in einer Stadt dreimal so viele Karten und Briefe verschickt wie im Monat November. Im Oktober waren es 2 464 Karten und Briefe. Das war genau die Hälfte der Briefe und Karten vom November. Wie viele Briefe und Karten wurden in den Monaten November und Dezember verschickt?

48

1 bis 5: Inhalt erfassen, besondere Wörter finden und Rechenzeichen zuordnen;
Aufgaben finden, lösen und antworten
AH ◗ 25   TÜ ◗ 33

1 Am Freitag hatte der Zoo 1314 Besucher. Am Sonnabend waren es 746 Besucher mehr als am Freitag. Am Sonntag kamen doppelt so viele Besucher wie am Sonnabend. Wie viele Besucher hatte der Zoo am Sonntag?

Tipp: Fertige dir eine Tabelle an.

2 Für die Wasserleitung am Tigerkäfig muss ein Graben von 1282 m Länge ausgehoben werden.
Am Montag wurden schon 644 m Graben ausgehoben.
Am Dienstag wurden 178 m weniger geschafft.
Wie viel Meter Graben müssen am Mittwoch noch ausgehoben werden?

Tipp: Die Skizze hilft dir. Vervollständige sie im Heft.

Montag	Dienstag	Mittwoch
_____ m	_____ m ● _____ m	

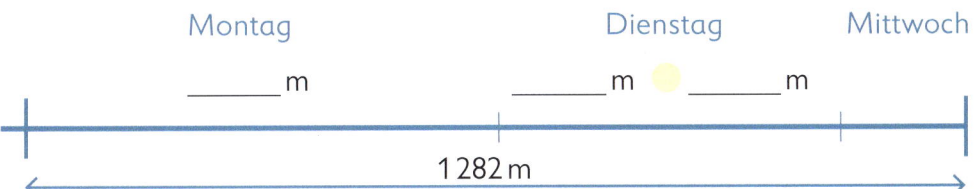

1282 m

3 Der 1600 m lange Zaun um das Lamagehege wird erneuert. Im Abstand von 100 m werden Säulen zur Befestigung des Zauns gesetzt. Wie viele Säulen müssen gesetzt werden?

Tipp: Fertige eine Skizze an.

4 Der Tierpfleger wiegt das vorhandene Vogelfutter. Im ersten Sack sind genau 14,265 kg und im zweiten Sack sind 2 780 g mehr.

1 bis 4: Inhalt erfassen, besondere Wörter finden und Rechenzeichen zuordnen; Aufgabe finden, lösen und antworten
4: Frage finden
AH ● 25   TÜ ● 33

49

① Zeige auf dem Foto Geraden,
a) die zueinander parallel sind,
b) die zueinander senkrecht sind,
c) die einander schneiden.

Nutze das Geodreieck.

Erinnere dich:
Zueinander senkrechte Geraden bilden rechte Winkel.

2 Wie viele rechte Winkel findest du
a) auf dem Foto oben,
b) in den Figuren A, B, C und D?

A

B

C
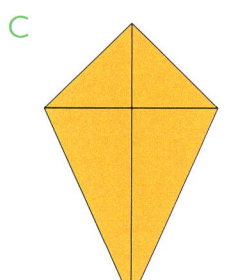

D
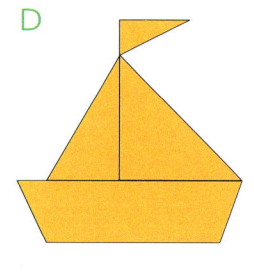

③ Zeichne zur Geraden g zwei parallele Geraden e und f.

1. Möglichkeit: Du arbeitest nur mit dem Geodreieck.

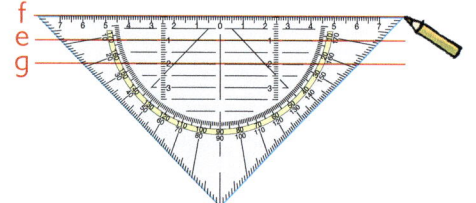

Du erinnerst dich?

2. Möglichkeit: Du arbeitest mit dem Lineal und dem Geodreieck.

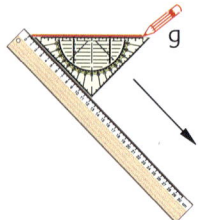

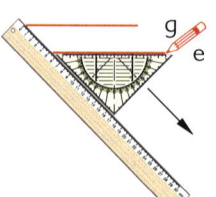

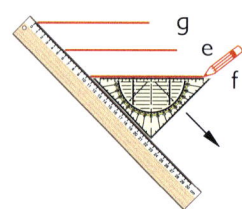

1 und 2: Parallelen, Senkrechte und rechte Winkel erkennen und zeigen
3: Parallelen nach einer der Möglichkeiten zeichnen
AH ▶ 26–27   TÜ ▶ 34

1 Zeichne zwei Geraden g und f, die sich schneiden.
   Zeichne Parallelen zu diesen Geraden so, dass solche Vierecke entstehen.
   Male die Vierecke mit verschiedenen Farben so aus, dass ein Muster entsteht.

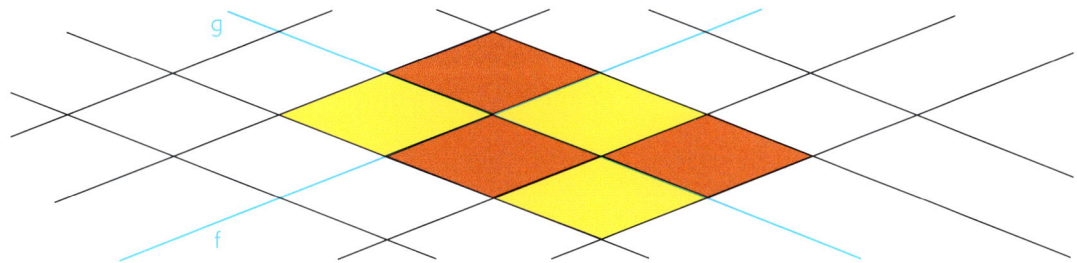

2 Zeichne Muster mit parallelen und senkrechten Geraden.

   a) Beginne mit einem Quadrat mit 40 mm langen Seiten.

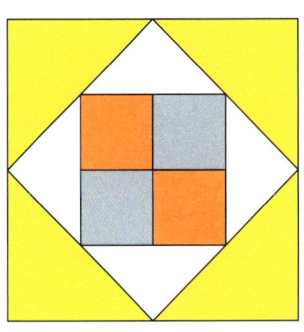

   b) Beginne mit einem Rechteck. Die Seiten des Rechtecks sind 7 cm und 4 cm lang.

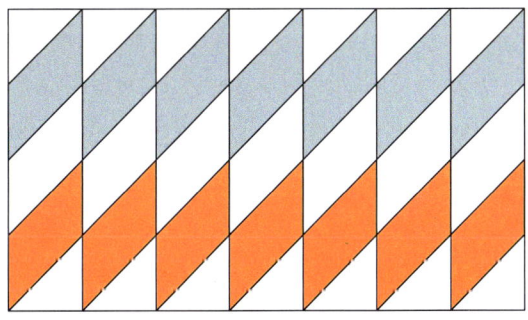

3 Überprüfe, ob die Geraden zueinander parallel sind.

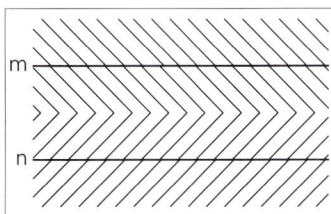
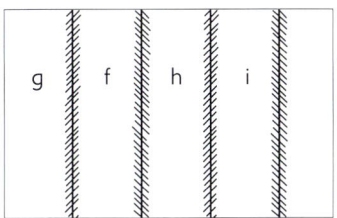
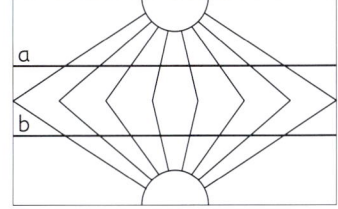

Kann ich das schon?

1 Zähle

a) in Einerschritten **von** **2412** bis **2440**,

b) in Zehnerschritten **von** **54810** bis **54950**,

c) in Fünfzigerschritten **von** **82500** bis **83100**,

d) in Hunderterschritten **von** **13700** bis **14900**,

e) in Tausenderschritten **von** **697600** bis **705600**.

2 Wie heißen die Zahlen?

a) 7ZT 3T 5Z 1H 8E

b) 5ZT 7Z 0T 2H 4E

c) 8HT 6ZT 4T 0H 1E 7Z

d) 0E 9ZT 9HT 9H 0T 9Z

e) 1E 1HT 0T 1ZT 1H 0Z

f) 4HT 1H 1E 1ZT 4T 4Z

g) 8T 9ZT 6Z 7H 5E

h) 2ZT 4H 1HT 3T 5Z 6E

3 Bilde aus den Ziffern die kleinstmögliche und die größtmögliche fünfstellige Zahl.
Bilde die Summe und die Differenz der beiden Zahlen.

4 Überschlage erst und rechne dann genau.
Vergleiche den Überschlag mit dem Ergebnis.

a) 6235 + 32417	b) 528412 + 61298	c) 76875 − 23497	d) 540708 − 23624	e) 568914 − 304237
f) 439290 + 304157 + 12328	g) 608736 + 293176 + 4213	h) 892505 − 327428 − 56232	i) 905568 − 37476 − 208320	j) 146094 − 23247 − 100418

5 Überschlage, schreibe stellengerecht untereinander und rechne dann genau.

a) 37809 − 5124 − 12096
99076 − 984 − 27008
87454 − 12612 − 7023
737258 − 4723 − 52611

b) 449509 − 408730 − 4518
918749 − 52077 − 636307
55467 − 24008 − 932
331094 − 203425 − 2793

6 Runde die Zahlen:

a) auf Vielfache von 100

Schreibe so: 2 470 ≈ ☐

2 470, 34 629, 7 084, 11 087, 423 152,
60 072, 712 550, 629 713, 579 748

b) auf Vielfache von 1 000

Schreibe so: 45 670 ≈ ☐

63 588, 70 708, 41 098, 347 902, 808 095,
590 472, 641 399, 219 603, 752 511

7 In der Schautafel ist der Wasserverbrauch
pro Person einer Stadt dargestellt.

a) Lies den Verbrauch für jedes Jahr so
genau wie möglich ab.

b) Um wie viel Liter ist der Verbrauch
von 2004 bis 2009 ungefähr gestiegen?

c) Um wie viel Liter hat sich der Verbrauch
von 2009 zu 2010 ungefähr verringert?

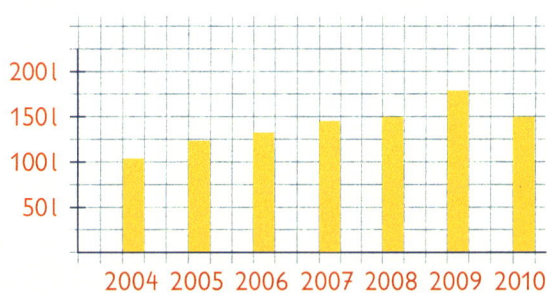

8 Familie Krause war im Urlaub mit dem Auto unterwegs.
In der ersten Woche ist die Familie 2604 km, in der zweiten Woche 1089 km und
in der dritten Woche 279 km weniger als in der zweiten Woche gefahren.
Wie viel Kilometer ist sie insgesamt gefahren?

9 Zeichne eine Strecke $\overline{AB}$ = 6 cm.
Zeichne zu dieser Strecke eine parallele Strecke,
die doppelt so lang ist, und eine weitere parallele Strecke,
die nur halb so lang ist wie die Strecke $\overline{AB}$.

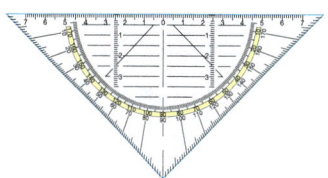

10 Zeichne ein Rechteck mit den Seitenlängen $\overline{AB}$ = 9 cm und $\overline{BC}$ = 5 cm.
Zeichne in das Rechteck ein Muster aus parallelen und senkrechten Geraden.

11 Vervollständige die Tabelle in deinem Heft.

Vorgänger		39 399			110 900	
Zahl	53 780			624 000		
Nachfolger			124 601			7 900

12 a) Schreibe die Zahl 36 000 als Summe aus zwei gleich großen Summanden.

b) Der Minuend ist die größte fünfstellige Zahl.
Der Subtrahend ist die kleinste vierstellige Zahl. Berechne die Differenz.

Kilogramm – Gramm – Milligramm

| 20 g | 800 g | 29 kg 430 g | 5 kg 250 g | 2 200 g | 150 g |

(1) Ordne die Haustiere nach ihrer Masse. Beginne mit dem leichtesten Tier.

Erinnere dich: 1 kg = 1000 g

(2) Wandle in Gramm um.

a) 4 kg   b) 80 kg   c) 44 kg
    10 kg   100 kg   205 kg

(3) Wandle in Kilogramm um.

a) 7 000 g   b) 9 000 g   c) 250 000 g
   5 000 g   12 000 g   100 000 g

(4) Schreibe mit zwei Einheiten.

a) 4,245 kg   b) 12,600 kg
   6,568 kg   0,375 kg
   2,955 kg   5,036 kg
   3,507 kg   16,005 kg
   7,460 kg   0,099 kg

Das Komma trennt Kilogramm und Gramm.

	kg			g	
5 kg 430 g	5	4	3	0	5,430 kg
5 kg 30 g	5	0	3	0	5,030 kg
5 kg 3 g	5	0	0	3	5,003 kg

5 Gib in Gramm an.

a) 5,675 kg   b) 4,050 kg   c) 4 kg 635 g   d) 5 kg 75 g
    6,750 kg   0,005 kg   7 kg 500 g   2 kg 2 g
   14,500 kg   0,075 kg   15 kg 204 g   7 kg 8 g

Was wiegt ein Milligramm?

6 Gib die Masse der Tiere auf den Bildern oben jeweils in einer Einheit, in zwei Einheiten und mit Komma an.

Schreibe so: weiße Maus: 20 g oder 0 kg 20 g oder 0,020 kg

7 Wandle um.

a) in Gramm: 5 000 mg, 8 000 mg, 500 mg, 250 mg, 50 mg, 7 mg
b) in Milligramm: 7 g; 9 g; 0,5 g; 0,060 g; 0,003 g

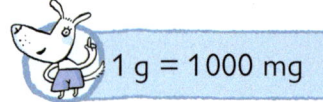
1 g = 1000 mg

1: Ordnen von Masseangaben   2 bis 6: Umrechnen von Masseangaben
7: Milligramm als weitere Einheit der Masse kennenlernen, Kenntnisse übertragen

AH ● 28   TÜ ● 35

3 000 kg   5 000 kg   2 000 kg   120 000 kg

Sehr große Massen gibt man in Tonnen an.
Du sprichst: eine Tonne   Du schreibst: 1t   1t = 1000 kg

 1 a) Wie viel wiegen die abgebildeten Tiere?

Schreibe so: Nilpferd : 3 000 kg = 3 t

Erkunde, was man unter einer Dezitonne versteht.

b) Finde weitere Tiere, deren Masse man in Tonnen angeben kann.
Schaut im Lexikon oder im Internet nach.

2 Gib in Kilogramm an: 6 t, 4 t, 2 t, 10 t, 85 t und 120 t.

3 Wandle in Tonnen um.

Das Komma trennt Tonne und Kilogramm.

	t		kg		
1645 kg	1	6	4	5	1,645 t
1500 kg	1	5	0	0	1,500 t oder 1,5 t
1050 kg	1	0	5	0	1,050 t
1005 kg	1	0	0	5	1,005 t

a) 3 220 kg   b) 16 300 kg
4 585 kg   6 500 kg
7 500 kg   780 kg
8 060 kg   64 kg
6 345 kg   25 080 kg
2 930 kg   7 010 kg
3 575 kg   325 kg
8 100 kg   2 019 kg

4 Gib in Kilogramm an.

a) 5 t 674 kg, 8 t 700 kg, 6 t 50 kg, 40 t 8 kg
b) 3,637 t; 7,805 t; 20,750 t; 0,6 t; ½ t; 0,064 t

5 Schreibe mit zwei Einheiten.

a) 3,456 t; 7,530 t; 6,5 t
b) 17,8 t; 0,060 t; 12,005 t

6 Ergänze.

a) 1 kg = ⬜ g   ¼ kg = ⬜ g   b) 1 t = ⬜ kg   ¼ t = ⬜ kg   c) 1 g = ⬜ mg   ¼ g = ⬜ mg
½ kg = ⬜ g   ¾ kg = ⬜ g   ½ t = ⬜ kg   ¾ t = ⬜ kg   ½ g = ⬜ mg   ¾ g = ⬜ mg

1 bis 5: Umrechnen von Masseangaben
6: Gebräuchliche Brüche kennen lernen und übertragen
AH ▶ 28   TÜ ▶ 36

55

Liter – Milliliter

Kleine Rauminhalte werden in Milliliter angegeben.
Du sprichst: ein Milliliter
Du schreibst: 1 ml

1 l = 1000 ml

500 ml   0,75 l   500 ml   10 ml   100 ml   1 l

Flüssigkeitsmengen kann ich in Liter oder Milliliter angeben.

① Finde weitere Beispiele für Rauminhalte, die in Milliliter angegeben werden.

② Wandle in Milliliter um.

a)	4 l	b)	25 l	c)	43 l
	6 l		12 l		100 l
	10 l		80 l		79 l

③ Wandle in Liter um.

a)	3 000 ml	b)	15 000 ml	c)	77 000 ml
	5 000 ml		28 000 ml		52 000 ml
	9 000 ml		100 000 ml		98 000 ml

Das Komma trennt Liter und Milliliter.

	l	ml				
1 250 ml	1	2	5	0	1,250 l	
1 500 ml	1	5	0	0	1,500 l oder 1,5 l	
1 050 ml	1	0	5	0	1,050 l	
1 005 ml	1	0	0	5	1,005 l	

4 Gib in Milliliter an.

a)	1,758 l	b)	0,750 l
	5,670 l		0,250 l
	6,5 l		0,5 l
	12,050 l		0,2 l
	15,7 l		0,33 l
	15,750 l		0,25 l
	15,008 l		0,002 l

5 Gib in Liter an. Schreibe mit Komma.

a) 5 600 ml, 8 730 ml, 1 605 ml, 17 003 ml
b) 1 000 ml, 250 ml, 50 ml, 500 ml, 5 ml

6 Gib in zwei Einheiten an.

a) 5,653 l; 4,5 l; 0,75 l; 0,1 l; 0,010 l
b) 1 500 ml, 6 430 ml, 1 065 ml, 2 005 ml

7 Eine Kuh gibt im Durchschnitt 25 l Milch pro Tag.
Wie viele kleine Milchpäckchen (0,2 l)
können damit gefüllt werden?

56

1: Milliliter als Einheit des Rauminhalts kennen lernen   2 bis 6: Größenangaben umwandeln
7: Inhalt erfassen; Aufgabe finden, lösen und antworten
AH ▶ 29   TÜ ▶ 37

1 Wandle zuerst in Milliliter um, vergleiche dann.

a) 0,1 l ● 250 ml

3 l ● 300 ml

0,2 l ● 200 ml

1 ml ● 1 l

750 ml ● 0,75 l

b) $\frac{1}{2}$ l ● 700 ml

750 ml ● $\frac{3}{4}$ l

0,33 l ● 0,25 l

$\frac{1}{4}$ l ● 300 ml

0,7 l ● 750 ml

$\frac{1}{2}$ l = 500 ml

$\frac{1}{4}$ l = 250 ml

$\frac{3}{4}$ l = 750 ml

2 Wie viel Milliliter fehlen an einem Liter?

Schreibe so: 150 ml + ▢ ml = 1 l

a) 150 ml   b) 465 ml   c) $\frac{1}{2}$ l   d) 879 ml   e) $\frac{1}{4}$ l   f) 38 ml   g) 6 ml   h) $\frac{3}{4}$ l

3 Maria und ihre Mutti kaufen Getränke für eine Geburtstagsparty ein. Sie kaufen 4 Flaschen Mineralwasser (je 0,75 l) und 3 Flaschen Apfelschorle (je 1,5 l). Wie viel Liter Getränke haben sie insgesamt gekauft?

Tipp:
Rechne vorher in Milliliter um.

4 Die Klasse 4b erhielt in der letzten Woche folgende Pausengetränke in Päckchen zu 0,25 l: 5 Kakao, 3 Erdbeermilch, 6 Vanillemilch.

Eine Skizze kann dir helfen.

a) Wie viel Liter wurde an einem Tag getrunken?
b) Wie viel Liter waren es in einer Woche (5 Tage)?

5 Eine Person verbraucht etwa 150 l Wasser am Tag. Wie viel Liter sind es in einem 4-Personen-Haushalt

a) an einem Tag,   b) in einer Woche?

 6 Wo könnte man im Haushalt Wasser sparen? Beratet euch und macht Vorschläge.

7 Berechne:

a) das Doppelte von $\frac{1}{2}$ l, $\frac{1}{4}$ l, $\frac{3}{4}$ l   b) das Fünffache von $\frac{1}{4}$ l, $\frac{3}{4}$ l, 1,5 l

1: Größenangaben vergleichen 2: Zu 1 l ergänzen   3 bis 5: Inhalt erfassen, Aufgaben finden, lösen und antworten
6: Beispiele zum sparsamen Verbrauch von Wasser finden   7: Vorstellungen von Brüchen anwenden
AH ● 29   TÜ ● 37

57

Größenangaben in Kommaschreibweise

1 Max hat 250 € gespart. Davon kauft er eine Spielkonsole für 149,99 € und zwei Spiele für je 37,49 €.
Er überschlägt, ob sein Geld reicht.
150 € + 40 € + 40 € = 230 €

Auf dem Kassenzettel steht:

a) Erkläre, wie gerechnet wurde und worauf du achten musst.

b) Max jubelt. Er behält noch Geld übrig. Wie viel? Erkläre auch hier deinen Rechenweg.

```
    149,99 €
+    37,49 €
+    37,49 €
─────────────
   224,97 €
═════════════
```

2 Überschlage zuerst, rechne dann.

a)
213,25 € + 25,60 €
 69,99 € + 46,55 €
250,49 € − 125,60 €
835,14 € − 64,00 €

b)
 5,675 km + 4,320 km
 9,850 km + 7,505 km
12,432 km − 6,750 km
75,5   km − 18,320 km

c)
 5,220 kg + 6,250 kg
18,5   kg + 29,250 kg
25   kg − 15,250 kg
14,737 kg − 6   kg

3 Gib in Meter an.

> 4,540 km = 4 km 540 m
> 4,540 km = 4 540 m

a)
7,450 km
6,055 km
67,806 km
646,670 km

b)
2,5   km
0,360 km
0,045 km
0,004 km

c)
454,454 km
318,029 km
74,006 km
909,909 km

4 Rechne in Kilometer um. Schreibe mit Komma.

a)
2 km 360 m
5 km   80 m
75 km 99 m
230 km 5 m

b)
1 435 m
35 617 m
910 m
15 m

5 Rechne in Kilogramm um. Schreibe mit Komma.

a)
6 kg 500 g
18 kg 365 g
5 kg   60 g
12 kg   4 g

b)
7 837 g
16 505 g
25 008 g
500 g

6 Ein kleiner Lkw wiegt etwa 3,5 t.

a) Darf er mit einer Ladung von 1 495 kg über eine Brücke fahren, die nur bis 5,5 t zugelassen ist?

b) Begründe deine Antwort.

1: Rechnung nachvollziehen und selbst auf die Subtraktion übertragen   2: Rechnen und Überschlagen
3 bis 5: Größenangaben umwandeln   6: Inhalt erfassen, Aufgabe finden, lösen und antworten
AH ▶ 30   TÜ ▶ 38

1. Bei Anna gibt es heute Gulasch zum Mittag. Ihre Mutter hat dazu 650 g Rindfleisch und 750 g Schweinefleisch gekauft. Wie viel Kilogramm Fleisch hat sie insgesamt gekauft?

2. Auf einer Autobahn steht dieses Schild:

   a) Wie viel Meter ist die Baustelle lang?
   b) In der nächsten Woche soll sie um 2 km 600 m verkürzt werden. Wie lang ist sie dann noch?
   c) Die Baustelle auf einer anderen Autobahn ist nur halb so lang wie diese.

3. Während einer Autofahrt blinkt plötzlich die Tankanzeige. Jetzt sind noch 5 l Benzin im Tank. Herr Zügig hat beim letzten Tanken festgestellt, dass er mit 40 l Benzin 480 km weit fahren kann. Wie viel Kilometer kann er jetzt noch fahren?

4.

   20 Tropfen sind ein Milliliter.

   Der Wasserhahn im Badezimmer tropft. In jeder Sekunde verliert er einen Tropfen.
   Wie viel Milliliter Wasser sind das in

   a) einer Minute,
   b) einer Stunde?

5. Der längste Fluss der Welt ist der Nil in Afrika. Er ist 6 670 km lang. Der längste Fluss Deutschlands, der Rhein, hat eine Gesamtlänge von 1233 km.

6. Die Klasse 4a hat in den Ferien eine Fahrradtour gemacht. Insgesamt sind die Kinder 120 km gefahren. Am ersten Tag radelten sie 20 km weit. Die restliche Strecke legte die Klasse in den nächsten 4 Tagen zu gleichen Teilen zurück. Wie viel Kilometer sind die Kinder an jedem dieser 4 Tage gefahren?

Eine Skizze kann dir helfen!

1 bis 6: Inhalt der Texte erfassen,
Aufgaben finden, lösen und antworten
AH ▶ 30 TÜ ▶ 38

59

Vierecke – Dreiecke

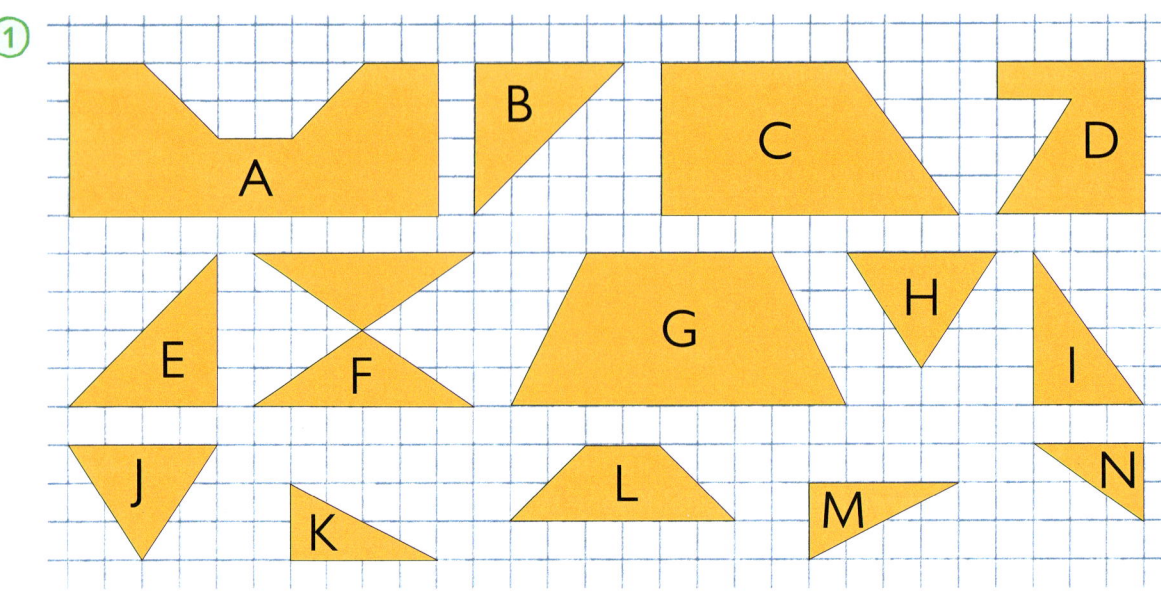

①

a) Zwei, drei oder vier Figuren ergeben zusammengelegt ein Quadrat oder ein Rechteck. Welche Figuren gehören zusammen?

Schreibe so: Quadrate: ☐ und ☐, …   Rechtecke: ☐ und ☐, …

b) Überprüfe. Zeichne dazu die Figuren auf Kästchenpapier und schneide sie dann aus. Lege die Quadrate und Rechtecke.

c) Zeichne freihand zwei Vierecke und zwei Dreiecke.

② Wie viele Dreiecke, Rechtecke und Quadrate erkennst du? Schreibe die Anzahl auf und nenne die Figuren mit ihren Eckpunkten.

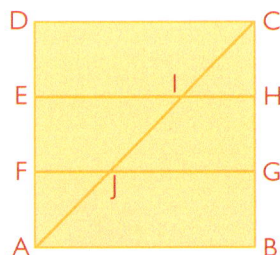

Schreibe so: ☐ Dreiecke: ABC, ☐☐☐, …
☐ Rechtecke: ABGF, ☐☐☐☐, …
☐ Quadrate: ☐☐☐☐

③ Lege mit Stäbchen.

a) Das Viereck hat vier rechte Winkel. Alle vier Seiten sind gleich lang.
b) Das Viereck hat keinen rechten Winkel.
Je zwei gegenüberliegende Seiten sind zueinander parallel.
c) Das Viereck hat vier verschieden lange Seiten.
d) Das Dreieck hat einen rechten Winkel und zwei Seiten sind gleich lang.
e) Das Dreieck hat drei gleich lange Seiten.
f) Das Dreieck hat einen rechten Winkel und drei verschieden lange Seiten.

1: Zusammengehörige Figuren erkennen und legen   2: Anzahl bestimmen und Figuren mit den Eckpunkten benennen
3: Figuren nach Vorgabe mit Stäbchen legen; verschiedene Möglichkeiten erörtern

AH ▶ 31   TÜ ▶ 39

① Lisa hat ein Viereck mit einem rechten Winkel und vier verschieden langen Seiten am Geobrett gespannt. Tom behauptet, dass es noch drei weitere Möglichkeiten gibt, ein solches Viereck zu spannen. Finde diese Möglichkeiten.

② Faltet oder zeichnet.
a) Aus einem Quadrat sollen zwei Figuren gefaltet werden.

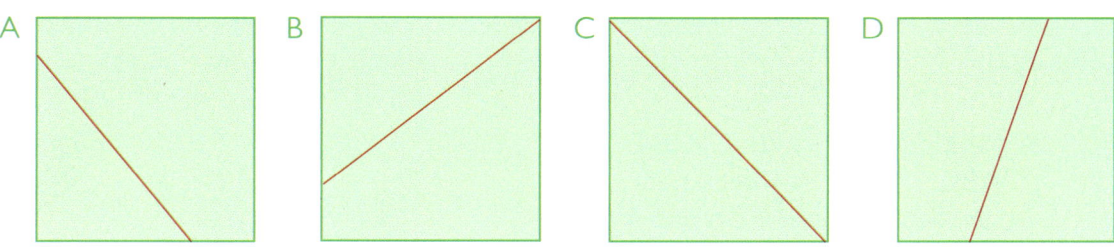

Die Kinder haben diese Figuren gefaltet. Ordne die Figuren A, B, C, und D den Kindern zu.

Bei mir sind zwei Vierecke entstanden.

Auf meinem Blatt sind ein Dreieck und ein Fünfeck.

Ein Dreieck und ein Viereck sind bei mir entstanden.

Ich habe zwei Dreiecke.

b) Aus einem Rechteck sollen drei Figuren gefaltet werden.

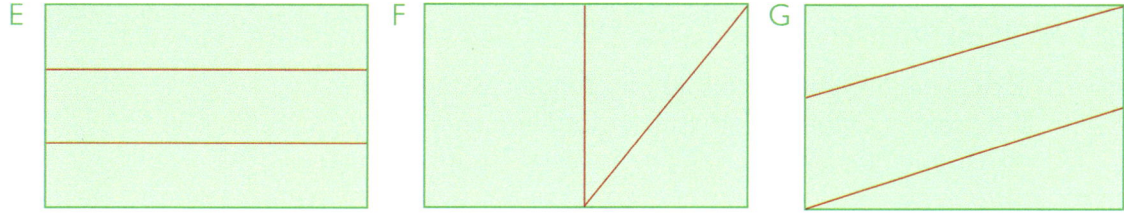

Die Kinder haben diese Figuren gefaltet. Ordne die Figuren E, F, und G den Kindern zu.

Auf meinem Blatt sind zwei Dreiecke und ein Parallelogramm.

Ich habe zwei Dreiecke und ein Rechteck hergestellt.

Bei mir sind drei Rechtecke entstanden.

Finde weitere Möglichkeiten.

1: Weitere Möglichkeiten für das Spannen von Vierecken finden
2: Nachfalten oder zeichnen, Aussagen zuordnen
AH ▶ 31   TÜ ▶ 39

61

Zeichnen von Rechtecken und Quadraten

① Zeichne ein Rechteck mit den Seitenlängen 6 cm und 4 cm.
So kannst du mit dem Geodreieck arbeiten:

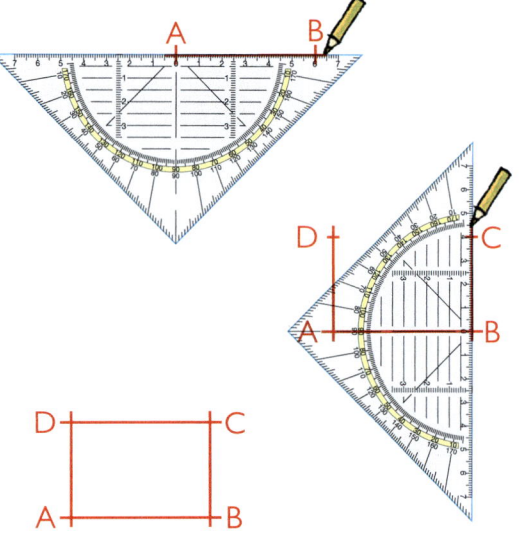

> **1.** Zeichne die Strecke $\overline{AB}$ = 6 cm.
>
> **2.** Zeichne Senkrechte zur Strecke $\overline{AB}$ durch die Punkte A und B.
>
> **3.** Trage auf den Senkrechten die Strecken $\overline{BC}$ und $\overline{AD}$ mit der Länge 4 cm ab.
>
> **4.** Verbinde die Punkte C und D. ABCD ist das Rechteck mit den Seitenlängen 6 cm und 4 cm.

② Zeichne nach der gleichen Schrittfolge Rechtecke mit den Seitenlängen:

a) 5 cm und 3 cm
b) 75 mm und 55 mm
c) 4,8 cm und 8,5 cm
d) 8 cm und 5,2 cm
e) 28 mm und 6 cm
f) 4,7 cm und 72 mm

③ Zeichne Quadrate mit den Seitenlängen:

a) 5 cm
b) 65 mm
c) 6,1 mm
d) 7,5 cm
e) 48 mm
f) 59 mm

> Die Schrittfolge beim Zeichnen ändert sich nicht.

④ Vergrößern – Verkleinern

a) Zeichne ein Quadrat mit 80 mm langen Seiten und ein zweites Quadrat mit halb so langen Seiten.
Was stellst du beim Vergleichen dieser Quadrate fest?

b) Zeichne ein Rechteck mit den Seiten $\overline{AB}$ = 4 cm und $\overline{BC}$ = 4,4 cm und ein zweites Rechteck mit doppelt so langen Seiten.
Vergleiche diese beiden Rechtecke und sprich darüber.

> **1.** Verdoppele: 2 cm, 15 mm, 4,5 cm.
> **2.** Halbiere: 40 mm, 6 cm, 8,4 cm.
> **3.** Zeichne eine Strecke $\overline{AB}$ = 52 mm. Zeichne zwei weitere Strecken:
>   a) doppelt so lang wie $\overline{AB}$
>   b) halb so lang wie $\overline{AB}$

62

1: Schrittfolge nachvollziehen   2: Rechtecke nach der Schrittfolge zeichnen
3: Schrittfolge für das Zeichnen von Rechtecken auf das Zeichnen von Quadraten übertragen   4: Rechteck/Quadrat nach Vorgabe zeichnen
AH ▸ 32   TÜ ▸ 40

① Übertrage ins Heft und vervollständige zu Parallelogrammen.

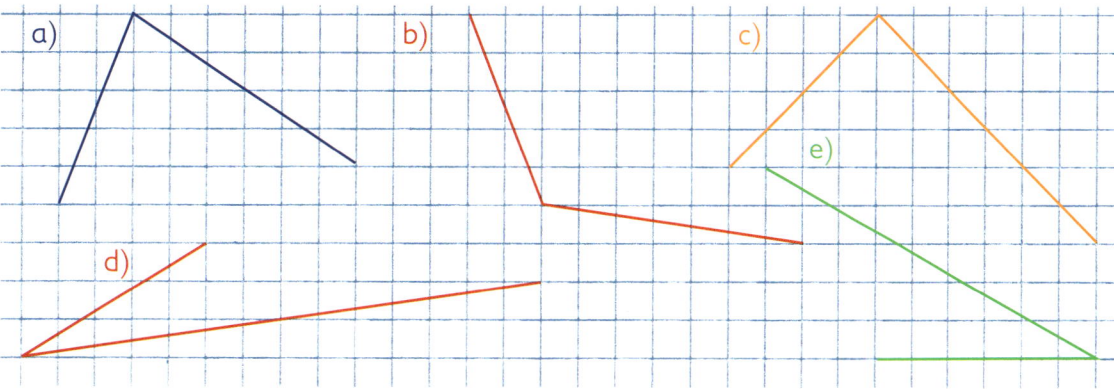

a) b) c) e) d)

② Welche Figuren sind Parallelogramme?
Überprüfe mit dem Geodreieck.

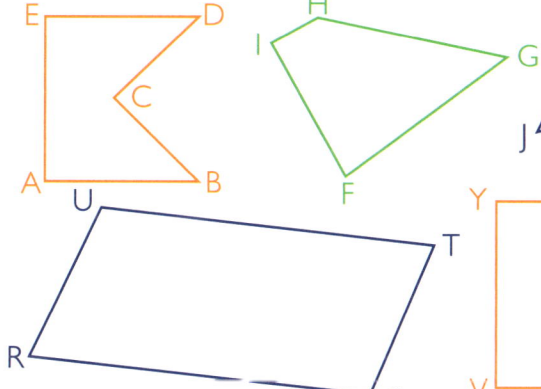

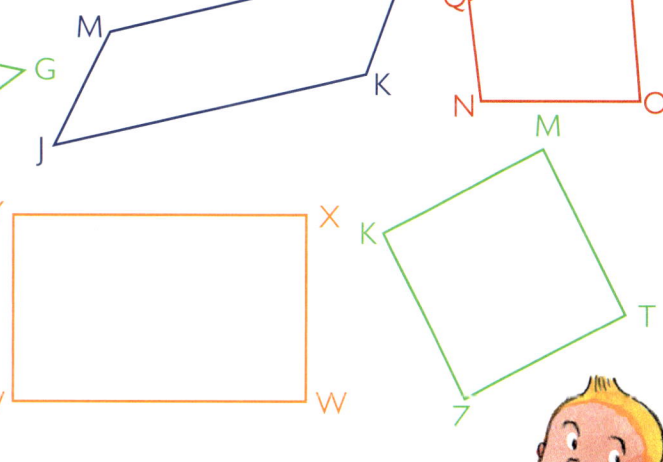

③ Zeichne mit dem Geodreieck vier Parallelogramme.
Miss die Länge der Seiten. Was stellst du fest?

④ Wann nennt man ein Parallelogramm
„Rhombus" oder „Raute"?
a) Zeichne ein solches Parallelogramm.
b) Welche der Figuren in der Aufgabe 2
ist ein Rhombus?

Suche im Internet oder
im Lexikon die Begriffe
„Rhombus" und „Raute".
Lass dir dabei von
deinen Eltern helfen.

1: Zu Parallelogrammen vervollständigen   2: Parallelogramme identifizieren   3: Parallelogramme zeichnen, Seiten messen;
Erkennen, dass gegenüberliegende Seiten gleich lang sind   4: Besonderheit (vier gleich lange Seiten) ermitteln; Rhombus zeichnen
AH ▶ 33   TÜ ▶ 40

63

Trapeze

Ein **Trapez** ist ein Viereck, bei dem mindestens zwei gegenüberliegende Seiten parallel sind.

① Welche Figuren sind Trapeze?

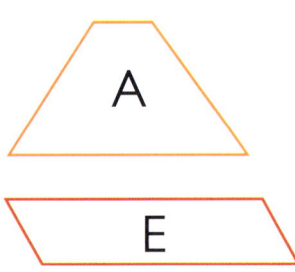

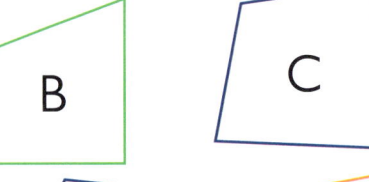

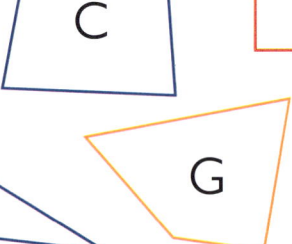

② Wie viele Trapeze findest du in dieser Figur?

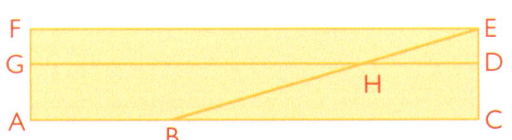

③ Zeichne ein Rechteck mit den Seitenlängen 6 cm und 8 cm.
   a) Zeichne eine Gerade so ein, dass zwei Trapeze entstehen.
   b) Zeichne zwei Geraden so ein, dass drei Trapeze entstehen.

④ Wahr oder falsch?
   Begründe deine Entscheidung. Zeichne die Figur.

   a) Ein Quadrat ist immer auch ein Trapez.
   b) Jedes Trapez ist immer auch ein Rechteck.
   c) Ein Trapez kann einen rechten Winkel haben.
   d) Ein Rechteck ist auch ein Trapez.
   e) Jedes Trapez ist auch ein Parallelogramm.
   f) Ein Trapez kann drei rechte Winkel haben.

   Tipp:
   Wenn du unsicher bist, dann schau im Merkheftchen nach.

1: Trapeze identifizieren   2: Anzahl der Trapeze bestimmen, Trapeze benennen
3: Rechteck zeichnen und in Trapeze zerlegen   4: Aussage am Beispiel begründen
AH ▶ 34   TÜ ▶ 40

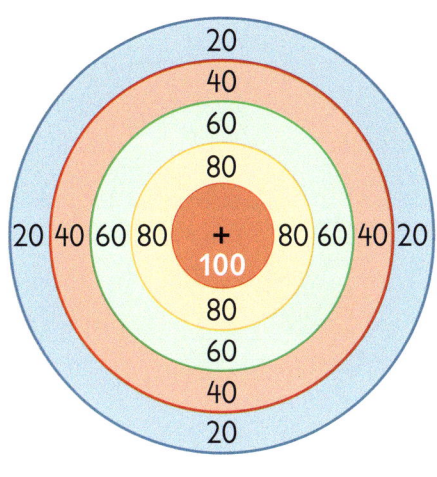

① Miss die Durchmesser der Kreisscheiben. Fertige dir dazu eine Tabelle an.

Scheibe	Durchmesser
20	⬜ mm = ⬜ cm
40	⬜ mm = ⬜ cm
. . .	. . .

2 a) Zeichne in einen Kreis mit einem Radius von 3,5 cm zwei Durchmesser so ein, dass sie zueinander senkrecht sind.
b) Verbinde die Endpunkte der Durchmesser zu einem Viereck und miss die Länge der Seiten dieses Vierecks.
c) Wie heißt das Viereck?

③ Welche Kreise passen genau in eines der Quadrate? Begründe.

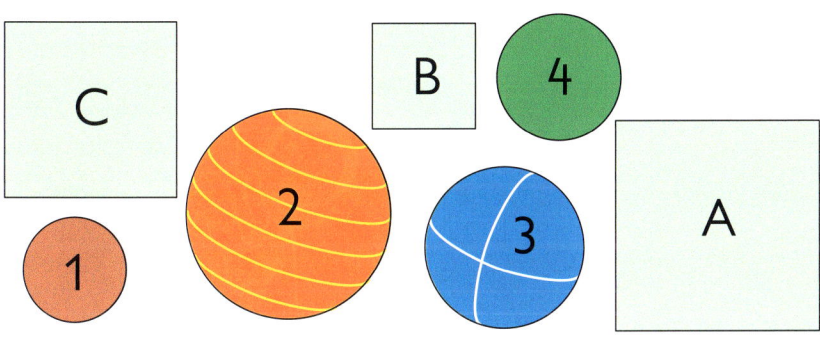
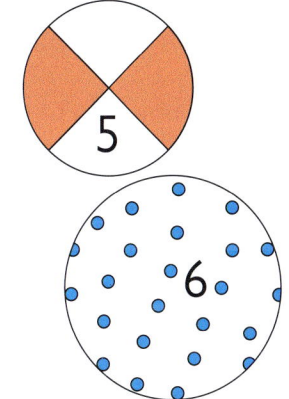

 Zeichne mit Hilfe eines Bechers einen Kreis. Schneide den Kreis aus. Überlege, wie du den Mittelpunkt dieses Kreises finden kannst.

Tipp:
Alle Durchmesser eines Kreises gehen durch den Mittelpunkt.

1. Berechne den Radius: d = 44 mm, d = 26 cm, d = 2,8 cm.
2. Berechne den Durchmesser: r = 4,5 cm, r = 16 mm, r = 7 cm.

1: Durchmesser bestimmen   2: Kreis und Quadrat nach Vorgaben zeichnen; Seitenlänge messen   3: Kreise den Quadraten zuordnen
4: Kreis zeichnen und ausschneiden; Mittelpunkt durch Falten (Durchmesser) bestimmen
AH ▶ 35   TÜ ▶ 41

65

Vielfache und Teiler

Vielfaches einer Zahl

Teiler einer Zahl

21 ist **Vielfaches** von 3,
weil 21 = 7 · 3.

6 ist **Teiler** von 18,
weil 18 : 6 = 3.

1 a) Schreibe alle Vielfachen von 7 auf, die kleiner als 65 und größer als 20 sind.
b) Schreibe alle Vielfachen von 9 auf, die zwischen 25 und 80 liegen.
c) Schreibe alle Vielfachen von 6 auf, die zwischen 10 und 50 liegen.

2 a) Schreibe alle gemeinsamen Vielfachen von 4 und 6 auf, die kleiner als 72 sind.
b) Schreibe alle gemeinsamen Vielfachen von 2, 3 und 8 auf, die kleiner als 100 sind.
c) Schreibe alle gemeinsamen Vielfachen von 3, 6 und 9 auf, die kleiner als 80 sind.

3 Nenne alle Teiler der Zahlen

a) 56, b) 49, c) 64, d) 81.

Begründe so: 8 ist Teiler von 32, weil 32 : 8 = 4.

Tipp:
Es gibt eine Zahl,
die ist Teiler jeder
Zahl.

4 Überprüfe und begründe.

a) 3 und 4 sind Teiler von 24.
b) 6 ist Teiler von 54, 42 und 32.
c) 2 und 5 sind Teiler von 10, 20 und 30.
d) 5 und 10 sind Teiler von 20, 40, 65 und 70.
e) 2, 5 und 10 sind Teiler von 20, 30, 40 und 50.

5 Wahr oder falsch?
Wenn es falsch ist, begründe mit einem Beispiel.

a) Alle Zahlen, die Vielfaches von 8 sind, sind auch Vielfaches von 4.
b) Es gibt Zahlen, die Vielfache von 3 und Vielfache von 7 sind.
c) Alle Zahlen, die den Teiler 5 haben, lassen sich durch 10 dividieren.
d) Alle Zahlen, die den Teiler 10 haben, lassen sich auch durch 5 dividieren.
e) Es gibt Zahlen, die haben nur 1 und sich selbst als Teiler.
f) Jede gerade Zahl hat den Teiler 2.

1 und 2 Vielfache ermitteln   3: Teiler bestimmen und begründen   4: Überprüfen und begründen
5: Aussagen überprüfen, Entscheidung mit einem Beispiel belegen

AH ▶ 36   TÜ ▶ 42

①

3 · 10 = □   3 · 100 = □   3 · 1000 = □

3 · 10 000 = □   3 · 100 000 = □

② a) 23 · 10   b) 4 · 100   c) 6 · 1000   d) 9 · 10 000   e) 5 · 100 000

254 · 10   54 · 100   28 · 1000   82 · 10 000   7 · 100 000

3 683 · 10   356 · 100   452 · 1000   36 · 10 000   10 · 100 000

14 389 · 10   2 847 · 100   847 · 1000   75 · 10 000   0 · 100 000

4 · 8000

4 · 8 = 32

4 · 8000 = 32 000

Löse zuerst die bekannte Aufgabe.

6 · 30 000

6 · 3 = 18

6 · 30 000 = 180 000

③ a) 4 ·   8   b)   7 · 3   c)   9 · 5   d) 7 ·   6   e)   8 ·   4

4 ·   80   70 · 3   90 · 5   7 ·   60   8 ·   40

4 ·   800   700 · 3   900 · 5   7 · 600   8 · 400

4 · 8000   7000 · 3   9000 · 5   70 · 600   80 · 400

4 · 80000   70000 · 3   90000 · 5   700 · 600   800 · 400

④ a)

· 400 →	
2	
5	
8	
	3 600
	2 400

b)

· 8 000 →	
5	
9	
7	
	64 000
	48 000

c)

· 6 000 →	
	48 000
7	
9	
6	
	24 000

d)

· 70 000 →	
3	
7	
9	
5	
10	

e)

· 90 000 →	
	450 000
	720 000
3	
7	
4	

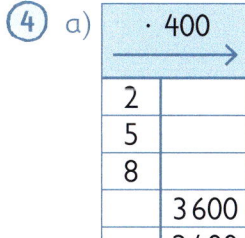

1. 7 · 80	2. 80 · 6	3. 20 · 5	4. 300 · 2	5. 20 · 30	6. 23 · 10
4 · 90	30 · 9	70 · 3	400 · 2	40 · 20	65 · 10
3 · 60	50 · 4	50 · 7	500 · 2	50 · 20	44 · 10

1 und 2: Multiplizieren mit 10, 100, 1 000, 10 000, 100 000
3 und 4: Multiplizieren mit Vielfachen von 10, 100, 1 000, 10 000
AH ▸ 37   TÜ ▸ 43

67

1 In der Waldschule nehmen 210 Kinder an der Schulspeisung teil.
An 3 Tagen in dieser Woche soll jedes Kind einen Joghurt als Nachtisch erhalten.
Wie viele Becher Joghurt müssen bestellt werden?

Ü: 3 · 200
    3 · 210 = ☐
    3 · 200 = ▧
    3 · 10 = ▧
    ▧ + ▧ = ☐
    3 · 210 = ☐

Du kannst auch kürzer schreiben:

$$\frac{3 \cdot 210}{600 + \ 30} = ☐$$

2 a) 4 · 380   b) 4 ·   620   c) 4 · 2800   d) 3 · 35000   e) 4 · 56000
    6 · 270   6 ·   510   6 · 8300   5 · 28000   6 · 72000
    5 · 420   5 ·   730   5 · 5700   7 · 42000   2 · 99000
    7 · 560   7 · 3200   7 · 6200   9 · 81000   5 · 43000
    8 · 310   8 · 2100   8 · 9400   6 · 27000   8 · 65000

3 Rechne vorteilhaft.

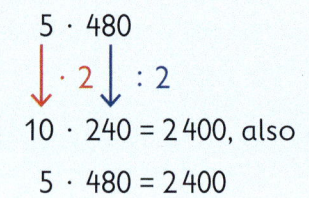

5 · 480
↓ · 2 ↓ : 2
10 · 240 = 2400, also
5 · 480 = 2400

Mein Tipp:
1. Faktor verdoppeln
2. Faktor halbieren

Ich multipliziere mit 10
und halbiere dann das
Ergebnis.
   10 · 480 = 4800
4800 :   2 = 2400

a) Rechne: 5 · 360   5 · 720   5 · 840   5 · 1400   2600 · 5   8200 · 5

b) Erkläre deinem Nachbarn, wie du vorteilhaft mit 50 und 500 multiplizierst.
   50 · 320   50 · 440   50 · 620   500 · 82   500 · 48   500 · 280

4 Auch hier kannst du vorteilhaft rechnen.

$$\frac{18 \cdot 25 \cdot 4}{\begin{array}{l} 25 \cdot 4 = \quad 100 \\ 18 \cdot \quad 100 = 1800 \end{array}}$$
18 · 25 · 4 = 1800

a) 36 · 50 ·   2   b) 5 · 661 · 200   c) 500 · 47 ·   2
   5 · 18 · 20   4 · 250 · 38   71 · 5 · 200
 200 · 124 · 5   50 · 809 ·   2   50 · 91 · 20
  16 ·   4 · 25   5 · 20 · 311   2 · 63 · 500

1. 25 · 2   2. 220 · 2   3.   380 · 5   4. 2600 : 2   5. 24000 : 2
   25 · 4   220 · 4   4320 · 3   4800 : 2   36000 : 2

> Ich rechne
> erst die bekannte Aufgabe
> 32 : 8 = 4,
> dann übertrage ich das Ergebnis
> 320 : 8 = 40
> 3 200 : 8 = 400.

3 200 : 8 = ▢

① Setze fort.

| 36 : 6 |
| 360 : 6 |
| 3 600 : 6 |
| 36 000 : 6 |
| 360 000 : 6 |

a)
49 : 7
490 : 7
4 900 : 7
...

b)
27 : 3
270 : 3
2 700 : 3
...

c)
56 : 8
560 : 8
5 600 : 8
...

d)
35 : 5
...

e)
28 : 4
...

f)
72 : 9
...

> Ich rechne:
> 4 800 :   8 = 600
> 4 800 :   80 =   60
> 4 800 : 800 =   6

4 800 : 800 = ▢

②
a) 2 800 :   7
   2 800 :   70
   2 800 : 700

b) 6 300 :   9
   6 300 :   90
   6 300 : 900

c) 4 000 :   5
   4 000 :   50
   4 000 : 500

d) 5 400 :   6
   5 400 :   60
   5 400 : 600

③
a) 8 000 : 400
   1 500 : 500
   2 400 : 300
   7 200 : 800

b) 2 800 : 700
   12 000 : 400
   36 000 : 600
   81 000 : 900

c) 420 000 : 700
   210 000 : 300
   320 000 : 400
   640 000 : 800

d) 350 000 : 500
   180 000 : 200
   360 000 : 600
   720 000 : 900

| 3 | 4 | 8 | 9 | 20 | 30 | 60 | 90 | 600 | 600 | 700 | 700 | 800 | 800 | 800 | 900 |

1. 24 : 4
   56 : 7
   63 : 9
   30 : 5

2. 42 : 6
   27 : 3
   49 : 7
   28 : 4

3. 48 : 8
   54 : 9
   36 : 6
   32 : 4

4. 18 : 2
   72 : 9
   48 : 6
   56 : 8

5. 42 : 7
   24 : 3
   64 : 8
   45 : 5

Ich zerlege in bekannte Aufgaben.

520 : 40 = ☐

520 : 40
400 : 40 = 10
120 : 40 = 3
 10 + 3 = 13
520 : 40 = 13

① a) 880 : 80   b) 5 500 : 500   c) 27 900 : 900
   360 : 30   7 200 : 600   15 900 : 300
   780 : 60   9 600 : 800   26 400 : 600
   700 : 50   9 800 : 700   25 600 : 800

11 11 12 12 12 13
14 14 31 32 44 53

② Rechne im Kopf oder halbschriftlich.

   a) 1 680 : 40   b) 2 450 : 50   c) 11 200 : 200   d) 29 400 : 700
      1 890 : 30   2 640 : 80   18 800 : 400   40 200 : 600
      3 240 : 60   1 320 : 20   30 600 : 900   58 400 : 800
      2 970 : 90   3 010 : 70   25 500 : 500   27 600 : 300

③ Bens Familie kauft sich eine
  neue Küche für 4 600 €.
  Sie kann den Kaufpreis in
  zwanzig oder zehn Raten zahlen.
  Wie groß ist jeweils eine Rate?

④ Finde die Aufgaben
  und löse sie.

Du erhältst meine Zahl, wenn du 1 740 durch 20 dividierst.

Der Quotient ist 33, der Divisor 50. Wie groß ist der Dividend?

Dividiere die Summe der Zahlen 770 und 990 durch 40.

Ermittle den Quotienten von 2 320 und 80.

1 bis 2: Divisionsaufgaben lösen   3: Inhalt erfassen, Aufgaben finden, lösen und antworten
4: Aufgaben bilden und lösen
AH ▶ 38   TÜ ▶ 44

1 Löse die Aufgabe. Verdopple dann den Dividenden und den Divisor.
Löse die neue Aufgabe und vergleiche die Ergebnisse.
Was stellst du fest?

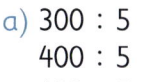

a) 300 : 5   b) 450 : 5   c) 6 000 : 50   d) 35 000 : 500
   400 : 5   650 : 5   3 500 : 50   25 000 : 500
   100 : 5   550 : 5   7 500 : 50   45 000 : 500
   600 : 5   150 : 5   4 500 : 50   75 000 : 500

Ich verdopple!

$200 : 5$
$\downarrow \cdot 2 \quad \downarrow \cdot 2$
$400 : 10 = 40$

2 So rechnest du vorteilhaft.
Erkläre deinem Nachbarn, wie hier gerechnet wurde.

$$
\begin{array}{l}
570 : 30 \\
600 : 30 = 10 \\
30 : 30 = 1 \\
10 - 1 = 9 \\
570 : 30 = 9
\end{array}
$$

Rechne auch so.

a) 480 : 20   b) 750 : 50   c) 3 600 : 400   d) 38 000 : 2 000
   760 : 40   810 : 90   5 400 : 600   72 000 : 8 000
   540 : 60   630 : 70   1 800 : 200   27 000 : 3 000
   270 : 30   720 : 80   4 500 : 500   54 000 : 6 000

3 Wahr oder falsch?

a) Bei diesen Aufgaben bleibt ein Rest: 430 : 100, 602 : 10, 24 300 : 1 000.
b) Die Umkehraufgabe zur Aufgabe 72 000 : 900 ist die Aufgabe 8 · 9 000.
c) Die Umkehraufgabe zur Aufgabe 500 · 9 ist 45 000 : 9.
d) Jede Zahl, die durch 50 teilbar ist, ist auch durch 100 teilbar.

4 Welche Zahlen kannst du für die Variablen a, b, x und y einsetzen,
damit die Gleichung oder Ungleichung richtig ist?

a) 6 · a = 420   b) 6 400 : x = 800   c) 240 : 10 > b   d) y · 400 < 2 400

5 Bens Bruder kauft ein gebrauchtes Auto für 8 100 €.
Beim Kauf zahlt er 2 700 €. Den Rest des Kaufpreises
will er in 6 gleichen Monatsraten bezahlen.

a) Wie viel Euro beträgt eine Monatsrate?
b) Wie viele Monatsraten müsste er bezahlen,
wenn die Rate nur 450 € betragen soll?

AUTOHAUS HURTIG

1: Dividieren; dabei erkennen: Beim Verdoppeln von Dividend und Divisor bleibt das Ergebnis gleich.   2: Rechenvorteile nutzen
3: Aussagen begründen   4: Lösungen finden   5: Inhalt erfassen, Aufgaben finden, lösen und antworten
AH ● 38   TÜ ● 44

71

 **Kann ich das schon?**

① Ordne der Größe nach. Beginne mit der größten Masse.

| 2 100 kg | 1,020 kg | 2 kg 200 g | 1 202 g | 1 200 kg | 1 kg 22 g |

② Welche Massen sind gleich?
4,500 kg, 4 005 g, 4 kg 30 g, 0,003 kg, 4 kg 500 g, 4 003 g, 4 030 g, 4,005 kg, 3 g

③ Gib die Massen in verschiedenen Schreibweisen an.

a) 6,003 kg   b) 2,304 l   c) 5,302 t
4 900 g   5 000 ml   7 254 kg
600 g   6 l 40 ml   809 kg
5 kg 3 g   3,002 l   0,063 t

Komma-schreibweise	eine Einheit	zwei Einheiten
4,002 kg	4 002 g	4 kg 2 g
…	3 200 g	…

④ Wandle um und vergleiche.

a)   6002 g ● 6 kg 20 g   b) 8 l 230 ml ● 8 023 ml   c) 0,025 km ● 250 m
5,400 kg ● 5004 g   7,120 l ● 7 201 ml   50 m ● 0,005 km

⑤ Überschlage zuerst, rechne dann.

a) 452,63 € + 35,70 €   b) 507,311 l − 34,596 l   c) 7 005 g − 2,4 kg
24,651 km + 7,640 km   99,483 kg − 71,205 kg   92,45 € + 58 ct
8,607 kg + 9 kg   320,45 € − 82,36 €   0,963 km − 76 m
86,092 l + 35477 ml   80,007 km − 42,005 km   9 kg 8 g + 392 g

⑥ Zeichne ein Quadrat mit der Seitenlänge von 45 mm.

⑦ Zeichne ein Rechteck. Die Länge beträgt 5,5 cm, die Breite 30 mm.

⑧

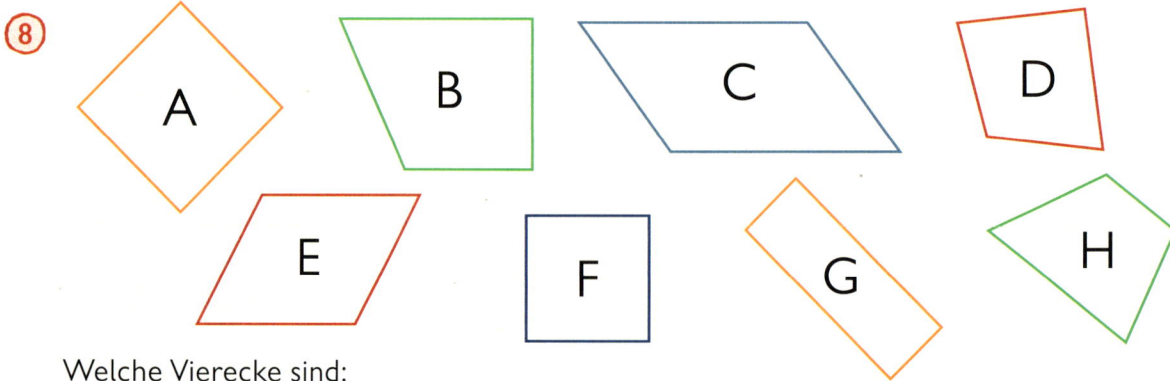

Welche Vierecke sind:

a) Trapeze,   b) Rechtecke,   c) Parallelogramme,   d) Quadrate?

9 a) Schreibe alle Vielfachen von 6 auf, die zwischen 20 und 100 liegen.
b) Schreibe alle Vielfachen von 4 und 5 auf, die größer als 16 und kleiner als 80 sind.
c) Schreibe alle Zahlen zwischen 30 und 50 auf, die nicht Vielfache von 7 und 8 sind.

10 a) Nenne alle Teiler dieser Zahlen.   **24** **36** **49** **56** **72**

b) Von welchen Zahlen ist 3 nicht Teiler? Schreibe sie auf.

6 **10** **13** **18** **20** **24** **28** **30** **32** **36** **40**

11

a)	b)	c)	d)
4 · 90	60 · 90	7 · 430	4 600 · 5
4 · 400	30 · 800	3 · 240	3 600 · 8
4 · 3 000	800 · 70	4 · 310	2 800 · 6
4 · 90 000	900 · 600	5 · 560	7 300 · 9

12 Rechne vorteilhaft.

2 · 32 · 25
64 · 5 · 200
50 · 38 · 20
72 · 4 · 25

13 Immer zwei Produkte sind gleich.

250 · 40   320 · 30   240 · 40
420 · 60   280 · 30   350 · 20
210 · 40   280 · 25   200 · 50   840 · 30

14

a)	b)	c)	d)
320 : 8	48 000 : 6	7 200 : 90	2 400 : 400
3 200 : 8	48 000 : 60	4 800 : 6	560 : 80
32 000 : 8	48 000 : 600	6 300 : 700	7 200 : 9
320 000 : 8	48 000 : 6 000	4 200 : 70	8 100 : 900

15 Berechne das Produkt aus den Zahlen 510 und 8 und addiere 4 250.

Berechne den Quotienten aus den Zahlen 3 600 und 4 und subtrahiere 382.

16 Berechne.

a) das Doppelte von
4 200 g
2 500 ml
8 500 €
5 020 kg

b) das Dreifache von
520 €
3 600 g
710 ml
8 030 km

c) der 3. Teil von
1 200 ml
3 000 km
2 400 g
2 700 €

17 a) Zeichne einen Kreis mit dem Radius r = 30 mm.
b) Zeichne einen Kreis mit demselben Mittelpunkt und dem Durchmesser von d = 8 cm.

Multiplizieren mehrstelliger Zahlen mit einstelligen Zahlen

Der Tierpark in Waldesheim hatte
vor 50 Jahren 321 Tiere.
Inzwischen sind es dreimal so viele.
Wie viele Tiere hat der Tierpark heute?

Erinnere dich, so kannst du rechnen:

Ü: 300 · 3 = 900	
HZE	
321 · 3	3 · 1 E = 3 E, ich schreibe 3
HZE	3 · 2 Z = 6 Z, ich schreibe 6
963	3 · 3 H = 9 H, ich schreibe 9

1. Überschlage und rechne. Vergleiche den Überschlag und das Ergebnis.

a) 243 · 2
   111 · 9
   233 · 3
   221 · 4
   567 · 1

b) 2341 · 2
   1330 · 3
   1112 · 4
   1001 · 5
   3203 · 3

c) 21231 · 3
   44302 · 2
   10001 · 9
   12002 · 4
   23010 · 3

d) 212212 · 4
   305413 · 0
   402333 · 2
   102003 · 3
   100110 · 8

0   486   567   699   884   999   3990   4448   4682   5005   9609   48008
63693   69030   88604   90009   306009   800880   804666   848848

2
Eintritt:
Erwachsene 4€   Kinder 2€

Von Freitag bis Sonntag besuchten
2210 Erwachsene und 3302 Kinder den
Tierpark. Wie viel Euro wurden an diesen
Tagen eingenommen?

3 Wöchentlich werden dem Tierpark
322 kg Heu und doppelt so viel Stroh geliefert.

a) Wie viel Kilogramm Stroh wird geliefert?
b) Wie viel Kilogramm Heu und Stroh werden
   insgesamt in einer Woche an den Tierpark
   geliefert?

1. 3 · 3	2. 4 · 6	3. 6 · 9	4. 4 · ☐ = 12	5. ☐ · 5 = 20
4 · 7	9 · 7	7 · 5	7 · ☐ = 49	☐ · 9 = 72
6 · 8	4 · 0	9 · 4	6 · ☐ = 54	☐ · 8 = 40

1: Überschlagen und Multiplizieren
2 und 3: Inhalt erfassen, Aufgaben bilden, lösen und antworten
AH ▶ 39–40   TÜ ▶ 45

Zum Tierparkfest kamen am Samstag
428 Besucher und am Sonntag sogar
doppelt so viele.
Wie viele Besucher kamen zum Tierparkfest?

Erinnere dich, so kannst du rechnen:

Ü : $400 \cdot 2 = 800$ $2 \cdot 8E = 16E$, ich schreibe 6,
    HZE   übertrage 1 Z
    $428 \cdot 2$ $2 \cdot 2Z = 4Z$
      HZE $4Z + 1Z = 5Z$, ich schreibe 5
      8 5 6 $2 \cdot 4H = 8H$, ich schreibe 8

① Überschlage und rechne. Vergleiche den Überschlag mit dem Ergebnis.

Ich multipliziere mit einem Übertrag.

a)	b)	c)	d)
$213 \cdot 4$	$1118 \cdot 2$	$32317 \cdot 2$	$321035 \cdot 2$
$329 \cdot 3$	$2105 \cdot 3$	$11012 \cdot 8$	$203114 \cdot 3$
$113 \cdot 6$	$1217 \cdot 4$	$23009 \cdot 3$	$100204 \cdot 4$
$215 \cdot 4$	$2009 \cdot 5$	$10114 \cdot 7$	$101108 \cdot 8$
$409 \cdot 2$	$4318 \cdot 2$	$23024 \cdot 3$	$222206 \cdot 4$

2 Überschlage und rechne.

Tipp:
Der Übertrag
muss nicht immer an der
Einerstelle sein!

a)	b)	c)
$216 \cdot 3$	$1150 \cdot 5$	$32913 \cdot 3$
$242 \cdot 4$	$2216 \cdot 4$	$12100 \cdot 7$
$262 \cdot 3$	$2731 \cdot 3$	$15010 \cdot 6$
$141 \cdot 7$	$3463 \cdot 2$	$10191 \cdot 5$
$512 \cdot 4$	$1071 \cdot 9$	$15010 \cdot 6$

3 Ergänze die fehlenden Ziffern.

a) 1█32 · 3
   5 19█

b) 534 · █
  1█68

c) 1031 · 5
   █ 1█5

d) █7 01 · 4
  68 ██4

e) 20█23 · 3
   6█06█

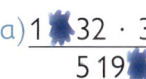

4

Meine
Zahl ist das
Dreifache von
27 310.

Das
Produkt meiner Zahlen
ergibt sich aus dem Doppelten
von 25 124.

Der
erste Faktor ist
2 432, der zweite Faktor
ist 3.

1: Multiplizieren mit Übertrag an der Einerstelle   2: Multiplizieren mit einem Übertrag an unterschiedlichen Stellenwerten
3: Fehlende Ziffern ergänzen   4: Zahlenrätsel lösen
AH ⊙ 39–40   TÜ ⊙ 45

75

Für die Arbeitsgemeinschaft „Gitarre" sollen vier neue Gitarren gekauft werden. Wie viel Euro muss die Schule dafür ausgeben?

So kannst du rechnen:

Ü: 300€ · 4 = 1200€   4 · 9E = 36E, ich schreibe 6,
Rechne so: HZE   übertrage 3Z
       349€ · 4   4 · 4Z = 16Z
        THZE   16Z + 3Z = 19Z, ich schreibe 9,
       1296€   übertrage 1H
               4 · 3H = 12H
         12H · 1H = 13H, ich schreibe 3,
                     übertrage 1T

Ich multipliziere mit mehreren Überträgen.

① Überschlage und rechne.

a)	b)	c)	d)
173 · 4	375 · 6	2963 · 2	21203 · 6
148 · 6	721 · 8	7517 · 3	12013 · 7
499 · 2	806 · 6	1540 · 4	63670 · 3
490 · 3	875 · 9	6582 · 5	10479 · 9
148 · 5	978 · 7	5212 · 6	45007 · 6

2 Rechne mündlich oder schriftlich.

a)	b)	c)	d)
430 · 3	2001 · 6	15004 · 2	25000 · 4
593 · 5	3672 · 7	18374 · 6	21532 · 8
601 · 6	4990 · 5	99999 · 4	62700 · 5
792 · 9	5010 · 3	57394 · 7	300020 · 3

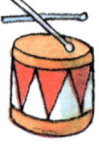

3 Im Musicaltheater gibt es 3785 Plätze. Das Stück „Vampire" war eine Woche lang ausverkauft.

1 bis 2: Multiplizieren mit mehreren Überträgen
3: Frage finden, Aufgabe bilden, lösen und antworten
AH ◗ 39–40   TÜ ◗ 45

1 Eine Grundschule kauft für den Musikunterricht vier Xylofone und drei große Trommeln.
Wie viel Euro bezahlt die Schule dafür?

135 €   118 €

2 Rechne und ordne die Ergebnisse der Größe nach.
Beginne mit der kleinsten Zahl. Welches Lösungswort erhältst du?

| 483 · 4 | L | 2678 · 7 | I | 8112 · 3 | N | 21110 · 4 | T | 360 · 3 | K |
| 9678 · 8 | T | 697 · 6 | A | 2314 · 5 | R | 36425 · 6 | E | 29879 · 2 | E |

3 In „Richards Musikladen" wurden in dieser Woche drei große Trommeln, zwei Keyboards und sechs Gitarren verkauft.
Wie hoch waren die Einnahmen?

4 Finde die Fehler und berichtige.

a) 60188 · 3
    130564

b) 394 · 9
    4456

c) 42312 · 3
    6936

d) 5923 · 8
    46384

46329 · 2
92658

26606 · 7
256242

6271 · 6
37626

98507 · 5
492535

5 Zu einem Sinfoniekonzert in Leipzig kamen 5613 Besucher.
Bei einem Rockkonzert in Berlin waren es achtmal so viel.

6 Zahlen gesucht

a)
Meine Zahl ist die Hälfte des Achtfachen von 2500.

b)
Meine Zahl ist die Summe aus dem Sechsfachen von 2672 und dem Dreifachen von 7512.

c)
Meine Zahl findest du, wenn du erst 64310 mit 6 multiplizierst und dann 82599 subtrahierst.

d)
Meine Zahl erhältst du, wenn du erst 3250 mit 4 multiplizierst und dann das Sechsfache bildest.

1, 3, 5: Inhalt erfassen, Aufgaben bilden, lösen und antworten   2: Rechnen und Lösungswort finden
4: Fehler finden und berichtigen   6: Gesuchte Zahlen finden
AH ● 39–40   TÜ ● 45

77

Multiplizieren mit Zehnerzahlen und Hunderterzahlen

(1)

In einer Konservenfabrik werden Erbsen in Kartons mit jeweils 30 Dosen verpackt. Im Lager stehen 375 Kartons zur Auslieferung bereit.
Wie viele Dosen werden ausgeliefert?
Rechne so:

$$Ü: 400 \cdot 30 = 12\,000$$
$$\underline{375 \cdot 30}$$
$$\underline{11\,250}$$

Erkläre den Rechenweg.

(2) Überschlage und rechne.

a)	b)	c)	d)	e)
126 · 40	4310 · 20	4909 · 80	4005 · 70	60 · 5654
253 · 30	6725 · 60	6080 · 70	6810 · 10	30 · 7009
675 · 70	8929 · 30	9002 · 50	7045 · 60	50 · 874
293 · 50	4628 · 90	5070 · 20	8072 · 40	90 · 56

3 Überschlage zuerst.

$$Ü: 800 \cdot 400 = 320\,000$$
$$\underline{832 \cdot 400}$$
$$\underline{332\,800}$$

a)	b)	c)
978 · 600	998 · 900	607 · 600
316 · 400	617 · 300	222 · 900
475 · 800	805 · 500	450 · 700
295 · 100	230 · 0	378 · 200

4 In der Konservenfabrik wurden 473 Kartons mit Möhren und 278 Kartons mit grünen Bohnen ausgeliefert.
In einem Karton befinden sich 40 Dosen.

1.	2.	3.	4.	5.
7 · 80	40 · 30	3 · 700	30 · 200	600 · 300
9 · 90	90 · 70	4 · 600	80 · 500	500 · 400
50 · 6	70 · 80	800 · 5	400 · 10	800 · 300
60 · 9	60 · 70	300 · 7	900 · 30	700 · 100

1: Schriftliches Multiplizieren mit Zehnerzahlen. Verfahren erfassen   2: Verfahren übertragen, Überschlag rechnen
3: Schriftliches Multiplizieren mit Hunderterzahlen   4: Frage finden, Aufgabe bilden, lösen und antworten
AH ● 41   TÜ ● 46

Punktrechnung und Strichrechnung in einer Aufgabe

Punktrechnung geht vor Strichrechnung!

① Rechne und vergleiche die Ergebnisse. Was stellst du fest?

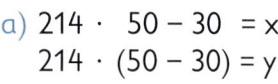

Die Aufgaben in den Klammern müssen zuerst ausgerechnet werden!

a) 214 · 50 − 30 = x
214 · (50 − 30) = y

b) 125 + 253 · 200 = x
(125 + 253) · 200 = y

② a) 40 · 17 + 643
495 − 15 · 30
888 + 76 · 200
80 · 1254 − 21455

b) 4 · 684 + 75
445 + 150 · 6
32489 − 1056 · 8
3478 · 50 + 55250

c) 525 + 4 · 120
5 · 14593 − 7951
11200 + 25700 · 7
66260 − 30 · 60

45 1005 1323 1345 2811 16088 24041 64460 65014 78865 191100 229150

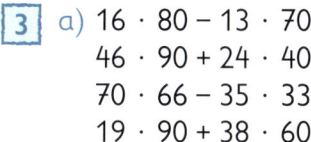

③ a) 16 · 80 − 13 · 70
46 · 90 + 24 · 40
70 · 66 − 35 · 33
19 · 90 + 38 · 60

b) 428 · 400 − 305 · 200
250 · 350 + 500 · 210
800 · 320 − 400 · 160
625 · 100 + 300 · 240

c) 239 · 700 + 88 · 500
600 · 330 − 165 · 300
300 · 220 + 600 · 440
426 · 400 − 406 · 300

④ a) 30 · (188 − 65)
200 · (467 − 78)
(346 − 69) · 50
(999 − 633) · 80

b) (324 + 576) · 90
(845 − 327) · 600
300 · (245 + 155)
600 · (489 − 339)

c) (99 + 88) · 320
(498 − 245) · 125
250 · (225 + 175)
580 · (777 − 327)

⑤ Schreibe die Aufgabe auf und löse sie.

a) Vom Produkt der Zahlen 16 und 80 wird das Produkt der Zahlen 13 und 70 subtrahiert.
b) Die Summe aus den Zahlen 2931 und 4586 wird mit 7 multipliziert.
c) Erfinde selbst so eine Aufgabe. Schreibe sie auf und löse sie.

⑥ Eine Jahreskarte für das Schwimmbad kostet 172 € für Erwachsene und 135 € für Kinder. Letztes Jahr haben 300 Erwachsene und 90 Kinder Jahreskarten gekauft.

1. 20 + 7 · 8
75 − 3 · 15

2. 5 · 15 + 3 · 20
7 · 10 − 2 · 25

3. 4 · (25 + 15)
10 · (240 − 180)

4. 30 · (120 − 60)
50 · (12 + 8)

1: Aufgaben lösen, Ergebnisse vergleichen   2 bis 4: Regeln anwenden   5: Aufgaben bilden und lösen; Aufgabe zu den Rechenregeln erfinden
6: Inhalt erfassen, Frage finden, Aufgabe bilden, lösen und antworten
AH ⊙ 41   TÜ ⊙ 47

79

Multiplizieren mehrstelliger Zahlen mit zweistelligen Zahlen

① Die Mannschaft des FC Germania fährt mit 23 Spielern ins Trainingslager. Für Übernachtung und Verpflegung werden pro Kind 128 € berechnet. Wie viel Euro muss der Verein bezahlen?

Rechne so:

ausführliche Form	Kurzform
Ü: 100 € · 23 = 2 300 €	Ü: 100 € · 23 = 2 300 €
128 € · 23	128 € · 23
2 560	2 56 l
384	384
1	1
2 944 €	2 944 €

Ich fange unter der Ziffer an zu schreiben, mit der ich zuerst multipliziere.

Erkläre die Rechenwege und bilde einen Antwortsatz.

② Überschlage und rechne.

a) 96 · 25	b) 426 · 71	c) 642 · 38	d) 8 523 · 13	e) 16 · 6 250
74 · 63	586 · 43	351 · 67	2 746 · 35	37 · 9 300
85 · 32	999 · 33	419 · 56	2 170 · 76	53 · 5 030
83 · 54	437 · 48	782 · 84	3 082 · 25	47 · 8 000
38 · 87	360 · 25	967 · 28	4 309 · 72	82 · 2 987

③ In der Unterkunft im Trainingslager gibt es auch ein Schwimmbecken. Der Hausmeister musste es gestern neu befüllen und ließ pro Stunde etwa 23 500 l Wasser einlaufen. Nach 24 Stunden war das Becken voll. Das Schwimmbecken ist 25 m lang und 12 m breit.

1. 30 · 80	2. 400 · 40	3. 8 000 · 70	4. 30 · 200	5. 20 000 · 30
60 · 40	300 · 90	9 000 · 20	80 · 500	30 000 · 10
70 · 30	60 · 600	80 · 5 000	400 · 10	20 · 50 000

1: Rechenweg kennen lernen und erklären   2: Rechenweg anwenden, Überschläge bilden
3: Inhalt erfassen: überflüssige Zahlenangaben (Beckenlänge und -breite) erkennen; Aufgabe bilden, lösen und antworten

AH ⚪ 42–44   TÜ ⚪ 48

1 Immer zwei Aufgaben haben dasselbe Ergebnis. Rechne.

86 · 84	217 · 4	936 · 17	11952 · 3	7 · 124
12 · 1326	996 · 36	43 · 168	64 · 69	46 · 96

2 Rechne schriftlich oder im Kopf.

a) 2222 · 22
5000 · 58
7313 · 64
2500 · 25
5218 · 47

b) 34708 · 18
25000 · 40
21693 · 21
30000 · 33
65432 · 12

c) 30 · 20500
15 · 10250
11 · 81010
10 · 39867
34 · 23419

d) 111 · 11
555 · 55
6666 · 66
7777 · 77
9999 · 99

3 Bilde die Summe aus den Zahlen 2676, 5131 und 1304. Multipliziere diese mit 38.

4 Bilde die Differenz aus den Zahlen 262434 und 234855. Multipliziere sie mit 23.

5 Familie Elsner bezahlt monatlich 476 € Miete und 215 € für Nebenkosten
(Gas, Strom, Wasser) für eine Dreizimmer-Wohnung.
a) Wie viel Miete bezahlt die Familie
in einem Jahr?
b) Wie viel Euro zahlt die Familie für Miete
und Nebenkosten insgesamt im Jahr?

6 Die Entfernung von Frankfurt/Main
nach Washington beträgt 6527 km.
Wie viel Kilometer legt ein Flugzeug
im Monat August zurück, wenn es jeden
Tag hin- und zurückfliegt?

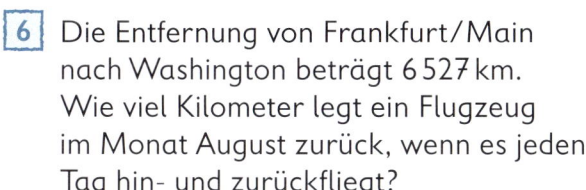

7 Toms Mutter sagt: „Die Klassenfahrt war mit 120 € ganz schön teuer.
Dein Bruder musste vor fünf Jahren nur drei Viertel des Preises bezahlen."
Wie viel Euro kostete die Klassenfahrt für Toms Bruder?

1: Multiplizieren, gleiche Ergebnisse als Selbstkontrolle nutzen   2: Mündlich und schriftlich multiplizieren
5 bis 7: Inhalt erfassen, Aufgaben finden, lösen und antworten
AH ● 42–44   TÜ ● 48

81

① Die Giraffen im Zoo bekommen täglich 450 kg Heu. Wie viel Kilogramm fressen sie in einem Jahr?

Rechne so:

ausführliche Form	Kurzform
Ü: 500 kg · 400 = 200 000 kg	Ü: 500 kg · 400 = 200 000 kg
450 kg · 365	450 kg · 365
135 000	135 0⎮⎮
27 000	27 00⎮
2 250	2 250
1	1
164 250 kg	164 250 kg

Erkläre die Rechenwege und bilde einen Antwortsatz.

② Überschlage und rechne.

a) 326 · 312   b) 222 · 888   c) 403 · 608
    815 · 365   813 · 456   310 · 702
    936 · 243   606 · 505   590 · 780
    317 · 197   558 · 586   640 · 905
     67 · 578   600 · 765   7 · 896

③ Rechne vorteilhaft.

a) 5 · 325 · 200   b) 500 · 169 · 2
  25 · 909 ·   4   250 · 521 · 4
  50 · 391 ·   2   40 · 777 · 25
   4 · 214 · 500   12 · 358 · 5
   5 · 444 ·   8   25 · 643 · 4

④ Diese Aufgaben haben interessante Ergebnisse!

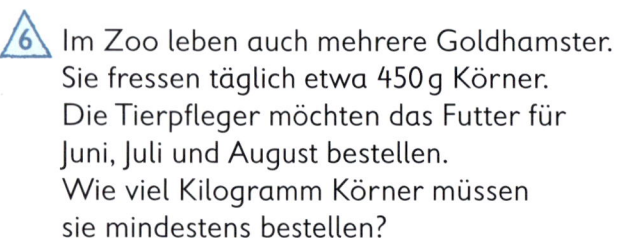

271 · 41   82 · 271   271 · 164   328 · 271   533 · 231

⑤ Für die Giraffen werden täglich 450 kg Heu benötigt. Die Elefanten bekommen täglich 128 kg mehr Heu. Wie viel Kilogramm Heu werden für die Elefanten im Jahr benötigt?

⑥ Im Zoo leben auch mehrere Goldhamster. Sie fressen täglich etwa 450 g Körner. Die Tierpfleger möchten das Futter für Juni, Juli und August bestellen. Wie viel Kilogramm Körner müssen sie mindestens bestellen?

1: Rechenwege kennen lernen und erklären 2: Rechenwege anwenden, Überschläge bilden
3: Rechenweg anwenden, Erkenntnis begründen 4 und 5: Inhalt erfassen, Aufgaben finden, lösen und antworten
AH ◐ 43–44 TÜ ◐ 49

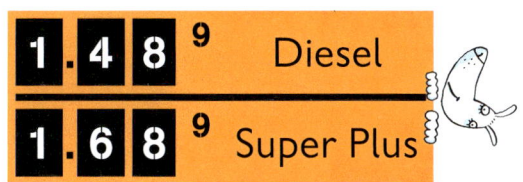

Diesel 1.4 8 9

Super Plus 1.6 8 9

1 Anna fährt mit ihrer Mutter zur Tankstelle.
Dort tanken sie 45 l Diesel.
Wie viel Euro muss die Mutter bezahlen?

Anna rechnet so:

1,48 € = 148 ct ⟶

$$148\,ct \cdot 45$$
$$592$$
$$740$$
$$\underline{1}$$
$$6\,660\,ct = 66{,}60\,€$$

Tipp:
Die Anzahl der Stellen nach dem Komma verändert sich nicht.

Annas Mutter rechnet so:

$$1{,}48\,€ \cdot 45$$
$$59\,2$$
$$7\,40$$
$$\underline{1}$$
$$66{,}60\,€$$

Erkläre die Rechenwege deinem Nachbarn. Antworte im Satz.

2 Rechne wie Anna oder wie ihre Mutter.

a) 1,27 € · 52
   1,55 € · 47
   49 · 2,49 €
   243 · 8,58 €
   45,99 € · 126

b) 3,52 m · 6
   18,27 m · 25
   32 m · 8,6 km
   53 m · 2,5 m
   60,55 m · 70

c) 1,7 t · 17
   0,567 t · 48
   84 · 3 852 kg
   132 · 0,680 kg
   500 · 15,5 g

3 Annas Vater tankt 55 l Super Plus.
Wie viel Euro muss er für diese Tankfüllung bezahlen?

WERKSTATT

4 Annas Vater fährt zweimal im Monat in die Waschanlage.
Eine Autowäsche kostet jeweils 6,95 €.

a) Wie oft wäscht Annas Vater sein Auto im Jahr?
b) Wie viel Euro bezahlt er dafür insgesamt?
c) Annas Mutter fährt mit ihrem Auto nur einmal im Monat in die Waschanlage.
   Wie viel Euro geben die Eltern im Jahr für Autowäschen aus?

1: Kommaschreibweise beim Multiplizieren kennen lernen   2: Kommaschreibweise anwenden
3 und 4: Kommaschreibweise in Sachsituationen anwenden
AH ◗ 45   TÜ ◗ 50

83

1 Für Lisas Geburtstagsfeier kaufen die Eltern Apfelsaft, Orangensaft und Mineralwasser jeweils im Sechserpack ein.
Stelle Fragen, rechne und antworte.

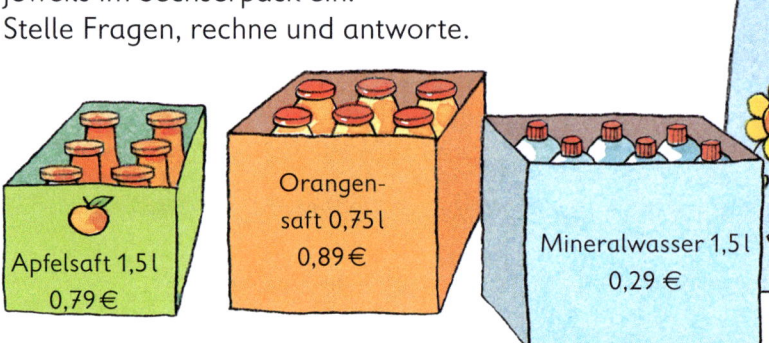

Einladung

Liebe Maria,

ich lade dich recht herzlich zu meiner Geburtstagsfeier am 2.6. um 15:00 Uhr ein.

Deine Lisa

Apfelsaft 1,5 l
0,79 €

Orangensaft 0,75 l
0,89 €

Mineralwasser 1,5 l
0,29 €

2 Zur Ausgestaltung des Kinderzimmers bastelt Lisa mit ihrer Oma bunte Papierketten aus 235 Ringen. Jeder Ring wurde aus einem 13,5 cm langen Streifen geklebt.
Wie viel Meter Papierstreifen haben sie verbraucht?

3 Max erzählt beim Abendessen, dass bei seinem letzten Fußballspiel alle 485 Plätze ausverkauft waren. Eine Karte kostete 8,50 €.

4 Nach dem Abendessen spielen die Kinder noch mit Lisas Haustieren.
Die Katze Minka ist doppelt so alt wie ihr Hund Rex.
Wie alt ist Rex, wenn beide Tiere zusammen 12 Jahre alt sind?

5 Maria möchte für ihre Gäste eine Apfelschorle machen.
Dafür mischt sie jeweils 1,5 l Apfelsaft mit 1,5 l Mineralwasser.
Zu ihrer Feier kommen acht Kinder und fünf Erwachsene.

a) Wie viel Liter braucht sie mindestens, wenn jede Person etwa drei Gläser (ein Glas = 200 ml) trinkt?
b) Wie viel Apfelschorle bleibt dann noch übrig?

1 l = ▢ ml?
Schau im Merkheftchen nach.

1 bis 5: Inhalt erfassen, Frage finden (Aufg. 3), Aufgaben finden, lösen und antworten
AH ⯈ 45   TÜ ⯈ 50

① In welcher Einheit würdest du folgende Zeitspannen angeben?

a) Dauer des Sommers
b) 25 m schwimmen
c) Dauer deiner Grundschulzeit
d) Zähne putzen
e) Dauer einer Urlaubsreise
f) Länge eines Kinofilms

Erinnere dich:

1 min	= 60 s
1 h	= 60 min
1 Tag	= 24 h
1 Woche	= 7 Tage
1 Jahr	= 12 Monate
	= 52 Wochen
	= 365 Tage

② Wie spät ist es? Gib jeweils die Vor- und die Nachmittagszeit an.

a)  b)  c)  d)  e)

③ Wandle um in:

a) Stunden	b) Minuten	c) Sekunden	d) Minuten und Sekunden
240 min	120 s	6 min	90 s
90 min	420 s	10 min	200 s
360 min	300 s	$\frac{1}{2}$ min	$1\frac{1}{2}$ h
4 Tage	$\frac{1}{4}$ h	1 h	320 s
1 Woche	5 h	3 min 15 s	500 s

④ Setze das richtige Zeichen < = >.

a)
2 min ⬤ 140 s
5 min ⬤ 500 s
10 min ⬤ 600 s
$\frac{1}{2}$ min ⬤ 15 s
3 min ⬤ 120 s

b)
1 h ⬤ 59 min
3 h ⬤ 180 min
$\frac{3}{4}$ h ⬤ 30 min
6 h ⬤ 600 min
$1\frac{1}{2}$ h ⬤ 90 min

c)
1 h 30 min ⬤ 100 min
5 h 15 min ⬤ 300 min
10 h 10 min ⬤ 600 min
3 min 30 s ⬤ 210 s
5 min 45 s ⬤ 350 s

⑤
a) Wie viele Stunden hat eine Woche?
b) Wie viele Stunden hat ein Jahr?
c) Wie viele Minuten hat ein Tag?
d) Wie viele Minuten hat der Monat Juni?

e) Stimmt es, dass ein Jahr mehr als 100 000 min hat?

1: Einheiten zuordnen 2: Uhrzeiten angeben 3: Einheiten umwandeln
4: Größenangaben vergleichen 5: Größenangaben umrechnen
AH ▶ 46 TÜ ▶ 51

85

Jahr – Monat – Woche

1. Wandle um in:

a) Tage	b) Wochen	c) Monate	d) Jahre
5 Wochen	14 Tage	8 Wochen	24 Monate
7 Wochen	28 Tage	$\frac{1}{4}$ Jahr	48 Monate
14 Wochen	63 Tage	4 Jahre	120 Monate
25 Wochen	5 Monate	9 Jahre	6 Monate
52 Wochen	$\frac{1}{2}$ Jahr	15 Jahre	3 Monate

2. Setze das richtige Zeichen < = >.

a)
6 Wochen ⬤ 35 Tage
8 Wochen ⬤ 56 Tage
14 Wochen ⬤ 100 Tage
20 Wochen ⬤ $\frac{1}{2}$ Jahr
54 Wochen ⬤ 1 Jahr

b)
50 Monate ⬤ 3 Jahre
28 Monate ⬤ 2 Jahre
9 Monate ⬤ $\frac{3}{4}$ Jahr
2 Monate ⬤ $\frac{1}{4}$ Jahr
1000 Tage ⬤ 3 Jahre

3. Das Jahr 2012 ist ein Schaltjahr.
Erkundige dich, was man darunter versteht.
Schreibe das vorangegangene und
das folgende Schaltjahr auf.

Was wäre, wenn du am 29. Februar Geburtstag hättest?

4. Maria erzählt: „Die Sommerferien dauern sechs Wochen. Zwei Wochen bleibe ich zu Hause und die Hälfte der verbleibenden Zeit fahre ich zu meiner Oma."
Wie viele Tage bleibt Maria bei ihrer Oma?

5. Wessen Urlaub dauert am längsten? Begründe.

Wir fahren drei Wochen zu meiner Tante.

Max

Wir sind 10 Tage im Gebirge zum Wandern.

Anna

Wir verbringen 2 Wochen und 5 Tage an der Ostsee.

Ben

6. Eine Turmuhr schlägt immer zur vollen Stunde.
Um 1:00 Uhr und um 13:00 Uhr schlägt sie einmal,
um 2:00 Uhr und um 14:00 Uhr zweimal usw.
Wie oft schlägt die Turmuhr im Verlaufe eines Tages?

1: Größenangaben umrechnen   2: Größenangaben vergleichen   3: Schaltjahre berechnen
4 bis 6: Inhalt erfassen, Aufgaben finden, lösen und antworten
AH ▶ 46   TÜ ▶ 51

1 Berechne die Fahrzeit.

Abfahrt		Ankunft
6:10 Uhr	+ ☐ min →	6:52 Uhr
7:05 Uhr	+ ☐ min →	7:33 Uhr
10:17 Uhr	+ ☐ min →	11:00 Uhr
13:00 Uhr	+ ☐ h ☐ min →	15:35 Uhr
15:43 Uhr	+ ☐ min →	16:30 Uhr
18:25 Uhr	+ ☐ h ☐ min →	20:12 Uhr

15:43 Uhr — + ☐ min → 16:00 Uhr
16:00 Uhr — + ☐ min → 16:30 Uhr

2 Berechne die Ankunftszeit.

Abfahrt		Ankunft
7:05 Uhr	+ 17 min →	☐ Uhr
9:27 Uhr	+ 33 min →	☐ Uhr
10:56 Uhr	+ $\frac{1}{4}$ min →	☐ Uhr
13:45 Uhr	+ 37 min →	☐ Uhr
15:12 Uhr	+ 1 h 15 min →	☐ Uhr
18:26 Uhr	+ 2 h 20 min →	☐ Uhr

15:12 Uhr — + 1 h → ☐ Uhr
16:12 Uhr — + 15 min → ☐ Uhr

3 Berechne die Abfahrtszeit.

Abfahrt		Ankunft
☐ Uhr	← – 15 min	8:20 Uhr
☐ Uhr	← – 28 min	10:38 Uhr
☐ Uhr	← – 39 min	12:37 Uhr
☐ Uhr	← – 1 h	15:42 Uhr
☐ Uhr	← – 1 h 20 min	16:19 Uhr
☐ Uhr	← – 3 h 43 min	20:03 Uhr

☐ Uhr ← – 1 h — 16:19 Uhr
☐ Uhr ← – 20 min — ☐ Uhr

4 Ein ICE (Inter-City-Express) fuhr um
20:14 Uhr in Leipzig los.
Um 21:58 Uhr kam er mit
32 min Verspätung in Berlin an.
Stelle Fragen, rechne und antworte.

1: Fahrzeit berechnen   2: Ankunftszeit berechnen   3: Abfahrtszeit berechnen
4: Inhalt erfassen, Fragen stellen, Aufgaben finden, lösen und antworten
AH ▸ 47   TÜ ▸ 52

87

Tom und seine Eltern verleben ihre Ferien in Schierke im Harz.
Jeden Tag nehmen sie sich unterschiedliche Ausflugsziele vor.
Unter anderem nutzen sie auch die Harzer Schmalspurbahn (HSB).

1 Bei der Anreise nach Schierke fuhren Tom und seine Eltern mit
dem Auto um 8:25 Uhr zu Hause los und kamen um 14:15 Uhr
im Urlaubsort an. Unterwegs machten sie zwei Pausen, einmal
eine Dreiviertelstunde, das andere Mal 25 Minuten.
a) Zeichne eine Skizze zur Aufgabe.
b) Wie lange war Toms Familie insgesamt unterwegs?
c) Stelle weitere Fragen, rechne und antworte.

2 An ihrem zweiten Urlaubstag möchte die Familie mit
der Harzer Schmalspurbahn von Schierke zum Brocken und zurück fahren.

Wernigerode–Brocken				Brocken–Wernigerode			
Wernigerode	Drei-Annen-Hohne	Schierke	Brocken	Brocken	Schierke	Drei-Annen-Hohne	Wernigerode
7:25	8:03			11:36	12:16	12:36	13:33
8:55	9:33	9:57	10:36	12:21	13:11	13:24	
9:40	10:18	10:42	11:21	13:14	13:54	14:06	15:03
10:25	11:03	11:27	12:06	15:40	16:19	16:32	
11:55	12:33			16:22	17:02	17:14	18:00
13:25	14:03	14:27	15:29	17:07	17:46	17:59	18:45
14:55	15:33	16:03	16:52	17:49	18:29	18:42	19:30
16:25	17:03	17:28	18:19	18:31	19:01	19:13	20:00

a) Wann könnten sie vormittags losfahren?
b) Die Familie fuhr mit dem Zug um 9:57 Uhr. Sie nimmt sich 3 h 45 min
Zeit für die Brockenbesichtigung und will dann wieder zurückfahren.
Welchen Zug kann sie nehmen?

3 Am nächsten Tag wandert Tom mit seinen Eltern nach Drei-Annen-Hohne.
Um 15:15 Uhr sind sie am Bahnhof in Drei-Annen-Hohne und wollen wieder
zurück nach Schierke fahren. Nutze den Fahrplan in Aufgabe **2**.
a) Wann fährt der nächste Zug?
b) Wie lange fahren sie bis in ihren Urlaubsort?

1 bis 3: Kenntnisse in Sachaufgaben anwenden; sich im Fahrplan orientieren
AH ❯ 47 TÜ ❯ 52

①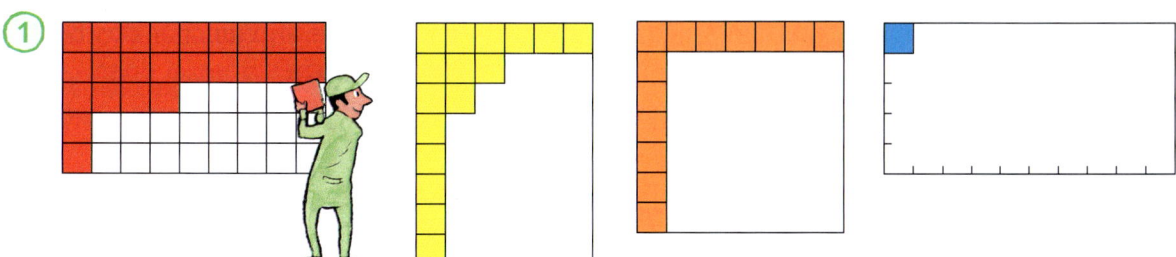

Rote Fliesen: ☐   Gelbe Fliesen: ☐   Orange Fliesen: ☐   Blaue Fliesen: ☐

Der Fliesenleger belegt verschiedene Wände mit farbigen Fliesen.

a) Wie viele Fliesen benötigt er für jede Wand?
b) Welche Wand hat die größte Fläche?

Tipp:
○ Die Größe der Flächen kannst du durch Auszählen der Kästchen ermitteln.
○ Die Anzahl der Kästchen gibt dir den Flächeninhalt an.
○ Die Kästchen nennt man Einheitsquadrate.

2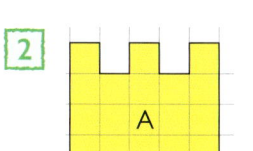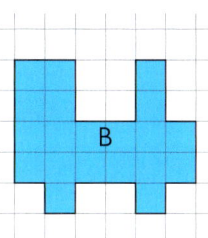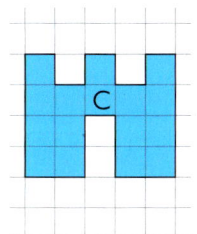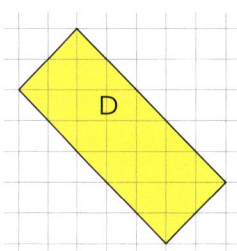

a) Bestimme den Flächeninhalt der Figuren.

Schreibe so: A: ☐ Kästchen, B: ☐ Kästchen, ...

b) Ordne die Flächen nach ihrem Flächeninhalt. Beginne mit der kleinsten Fläche.

③ Ben hat ein Rechteck auf Kästchenpapier gezeichnet.
An der langen Seite des Rechtecks zählt er 8 Kästchen und an der kurzen Seite 5 Kästchen.

a) Zeichne das Rechteck und zähle die Kästchen.
b) Kannst du die Anzahl der Kästchen auch ohne Auszählen bestimmen?

④ Maria hat ein Rechteck gezeichnet, in dem 24 Kästchen enthalten sind.
Wie lang und wie breit kann ihr Rechteck sein?

Tipp:
Es gibt mehrere Möglichkeiten.

1 und 2: Anzahl der Kästchen bestimmen; größte Fläche nennen; Flächen nach Vorgabe ordnen
3: Rechteck zeichnen; Anzahl der Kästchen bestimmen; Flächen nach Vorgabe ordnen   4: Länge und Breite ermitteln
AH ● 48   TÜ ● 53

89

Flächenumfang

① Der Gärtner will drei Blumenbeete mit Rasenkantensteinen einfassen. Für das Beet mit dem größten Umfang braucht er die meisten Steine. Welches Beet ist das?

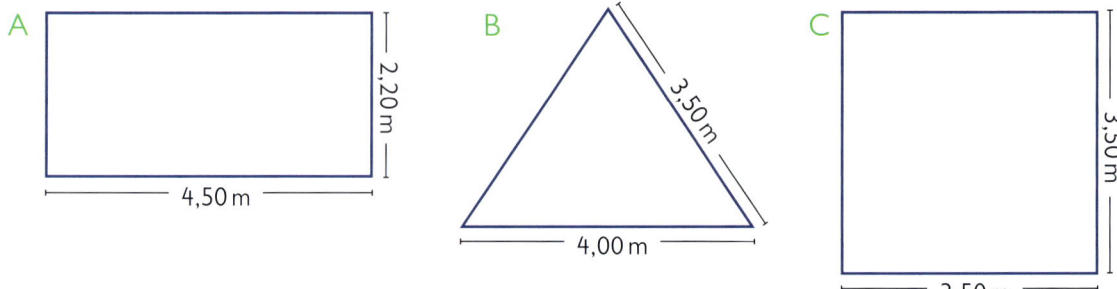

A — 2,20 m, 4,50 m

B — 3,50 m, 4,00 m

C — 3,50 m, 3,50 m

② Anna und Max haben mit Stäbchen diese Figuren gelegt. Welche dieser Figuren hat den kleinsten Umfang? Begründe deine Antwort.

Der **Umfang** einer ebenen Figur ist die Gesamtlänge der äußeren Umrandung der Figur.

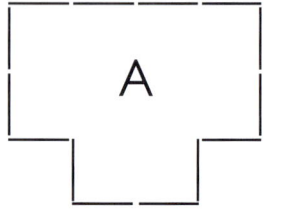
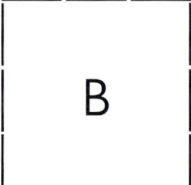

③ Es werden die Figuren mit dem größten und dem kleinsten Umfang gesucht. Welche sind es?

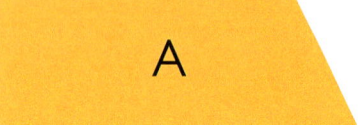
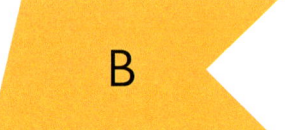

④ a) Tom hat von einem Quadrat schon zwei Seiten mit 6 Stäbchen gelegt. Wie viele Stäbchen hat er gelegt, wenn das Quadrat fertig ist?

b) Maria hat zwei Seiten eines Rechtecks mit 9 Stäbchen gelegt. Wie viele Stäbchen hat sie gelegt, wenn das Rechteck fertig ist?

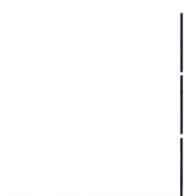

Lege die Figuren nach und überprüfe dein Ergebnis.

1: Umfang der Beete berechnen; größtes Beet ermitteln   2: Umfang durch Zählen der Stäbchen ermitteln
3: Umfang durch Messen ermitteln   4: Anzahl der Stäbchen berechnen
AH ▶ 49   TÜ ▶ 53

1 Gib den Flächenumfang und den Flächeninhalt der Figuren an.

Schreibe so: A : Flächenumfang: ▢ cm = ▢ mm   Flächeninhalt: ▢ Kästchen

A   B

C   D

2 Zeichne Figuren mit einem Flächeninhalt von:
a) 42 Kästchen   b) 36 Kästchen   c) 11 Kästchen   d) 27 Kästchen

3 Lege mit gleich langen Stäbchen
zwei verschiedene Figuren,
die den gleichen Flächenumfang
von 24 Stäbchen haben.

4 Wahr oder falsch?

a) Figuren mit gleichem Flächenumfang haben
   immer auch den gleichen Flächeninhalt.

b) Wenn die Seitenlängen eines Rechtecks
   verdoppelt werden, dann verdoppelt sich
   auch der Flächeninhalt.

c) Wenn die Seitenlängen eines Quadrates halbiert werden,
   dann halbiert sich auch der Umfang des Quadrates.

   Zeichne zu deinen Entscheidungen jeweils ein Beispiel.

5 Zeichne ein Rechteck mit den Seiten $\overline{AB}$ = 120 mm und $\overline{BC}$ = 75 mm.
Zeichne ein Rechteck, dessen Seiten nur ein Drittel so lang sind.
Gib den Flächenumfang dieser Rechtecke in Zentimeter und Millimeter an.

1: Flächeninhalt/Flächenumfang bestimmen   2: Figuren nach Vorgabe zeichnen   3: Figuren mit Stäbchen legen
4: Wahrheitsgehalt prüfen; Beispiel für falsche Aussage zeichnen   5: Rechtecke zeichnen; Umfang angeben
AH ▶ 49   TÜ ▶ 53

91

Achsensymmetrische Figuren

In der Natur und Technik kannst du Achsensymmetrie häufig entdecken.

a) Sprich über die Beispiele auf den Bildern. Erkläre, was hier durch Symmetrie erreicht wird.

b) Suche in Zeitungen und Illustrierten oder auf Spielkarten weitere Beispiele für Achsensymmetrie. Gestalte damit ein Poster.

② Welche Figuren sind achsensymmetrisch? Lege die Symmetrieachsen mit Stäbchen.

a)  b)  c) 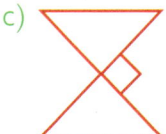 d) 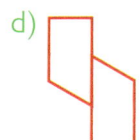 e) 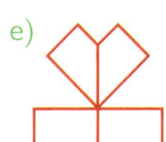 f)

③ Übertrage in dein Heft. Zeichne die Spiegelfigur.

a) 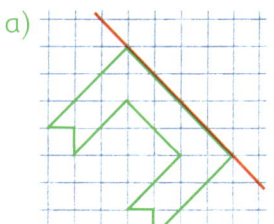 b) 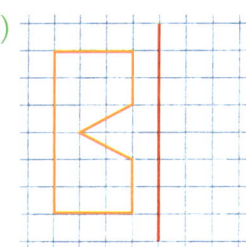 c) 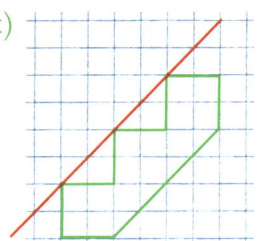 d)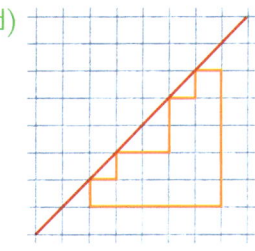

④ Mit einer Nadel und einer weichen Unterlage kannst du diese symmetrische Figur selbst herstellen.

 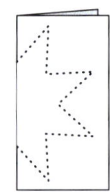 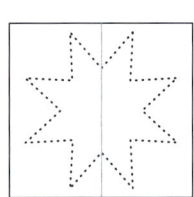

⑤ a) Lies diese Geheimschrift.

Heute hast du keine Hausaufgaben.

b) Versuche, selbst ein Wort oder einen Satz in Spiegelschrift zu schreiben.

1: Über die Bedeutung der Symmetrie sprechen   2: Symmetrieachsen legen   3: Spiegelfiguren zeichnen
4: Symmetrische Figur herstellen   5: Geheimschrift mit dem Spiegel lesen
AH ● 50

Drehsymmetrische Figuren kannst du um einen Punkt drehen. Sie sehen dann wieder aus wie vorher. Der Punkt, um den du drehst, heißt **Drehpunkt**.

① So kannst du drehsymmetrische Figuren zeichnen:

a) Zeichne ein Rechteck mit den Seitenlängen 2 cm und 5 cm. Schneide es aus. Lege den Drehpunkt fest. Drehe das Rechteck jeweils eine Viertelumdrehung um diesen Punkt. Zeichne die jeweilige Stellung des Rechtecks.

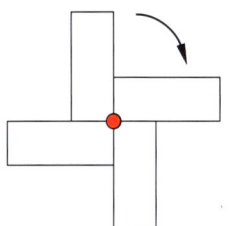 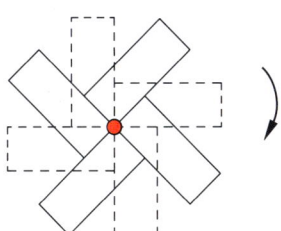 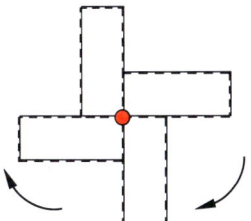

b) Zeichne ein beliebiges rechtwinkliges Dreieck. Schneide es aus. Lege den Drehpunkt fest. Drehe das Dreieck jeweils eine Viertelumdrehung um diesen Punkt. Zeichne die jeweilige Stellung des Rechtecks.

 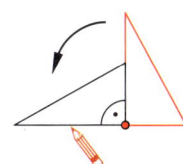 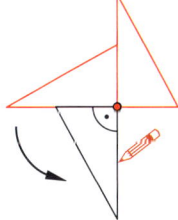 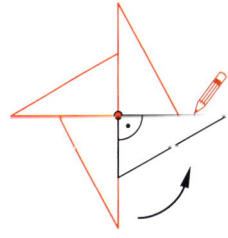

② Untersuche, ob diese Muster spiegelsymmetrisch oder drehsymmetrisch sind.

a) 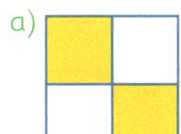   b) 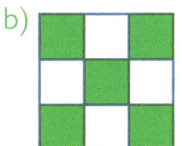   c)    d)    e)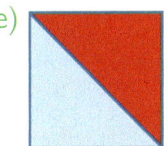

(1) Wahr oder falsch? Begründe deine Entscheidung.

  a) Jedes Viereck hat vier rechte Winkel.
  b) Jedes Trapez ist ein Viereck.
  c) Parallelogramme sind auch Quadrate.
  d) Bei allen Vierecken sind die gegenüber-
     liegenden Seiten gleich lang.
  e) Jedes Quadrat ist auch ein Rechteck.
  f) Alle Rechtecke sind auch Trapeze.

(2) a) Schreibe alle Vielfachen von 4 auf, die kleiner sind als 100.
   b) Schreibe alle Vielfachen von 8 auf, die kleiner sind als 100.

(3) a) Schreibe alle Teiler von 60 auf.   b) Schreibe alle Teiler von 30 auf.
   c) Suche die gemeinsamen Teiler von 60 und 30 heraus und schreibe sie auf.
   d) Welche Zahlen zwischen 10 und 20 haben außer 1 und sich selbst keine
      weiteren Teiler?

(4) a) $8 \cdot 60$
        $80 \cdot 500$
        $70 \cdot 9\,000$
        $4 \cdot 60\,000$
       $600 \cdot 700$

   b) $180 : 3$
        $4\,500 : 5$
        $28\,000 : 40$
        $480\,000 : 800$
        $25\,000 : 50$

   c) $250 \cdot 4 + 375$
        $7\,000 - 550 \cdot 3$
        $2\,500 : 50 + 950$
        $1\,800 + 4\,200 : 7$
        $10\,000 : 5 + 50\,000$

(5) Rechne im Kopf oder schriftlich.

   a) $330 \cdot 7$
      $250 \cdot 4$
      $505 \cdot 5$
      $315 \cdot 8$

   b) $1\,325 \cdot 6$
      $7\,250 \cdot 5$
      $8\,372 \cdot 9$
      $6\,073 \cdot 7$

   c) $450 \cdot 40$
      $820 \cdot 30$
      $6\,400 \cdot 70$
      $286 \cdot 400$

   d) $320 \cdot 22$
      $615 \cdot 46$
      $1\,210 \cdot 32$
      $1\,020 \cdot 27$

6 Frau Schön fährt jeden Tag 56 km von ihrer Wohnung zur Arbeitsstelle und zurück.
  Frau Lindenaus Weg zur Arbeit ist 27 km kürzer.
  Wie viel Kilometer muss jede Frau in einem Monat mit 23 Arbeitstagen fahren?

7 a) Gib den Flächenumfang der Figuren
     in Zentimeter und Millimeter an.
  b) Gib den Flächeninhalt der Figuren an.

     Schreibe so:

     Fläche A: ▢ Kästchen
     Fläche B: ▢ Kästchen

8 a) 6,72 € · 25
   7,90 € · 16
   2,73 € · 67
   8,79 € · 79

b) 6,875 kg · 6
   15,250 kg · 7
   7,932 kg · 30
   25,605 kg · 20

c) 6,50 m · 4
   8,79 m · 30
   15,52 m · 7
   8,07 m · 82

9 Wandle in die nächstkleinere Einheit um.

a) 4 min

   6 min

   5 h

   4 h

   11 h

b) 4 Tage

   12 Tage

   28 Tage

   5 Wochen

   4 Wochen

c) $\frac{1}{4}$ Jahr

   $\frac{3}{4}$ Jahr

   3 Jahre

   10 Jahre

   13 Jahre

10 Wandle in die nächstgrößere Einheit um.

a) 240 s
   480 s
   180 min
   240 min
   72 h

b) 21 Tage
   35 Tage
   14 Tage
   2 Wochen
   4 Wochen

c) 12 Monate
   6 Monate
   48 Monate
   96 Monate
   192 Monate

11 Berechne die fehlenden Angaben.

a)

Abfahrt	Fahrzeit	Ankunft
6:25 Uhr	23 min	
7:56 Uhr	1 h 45 min	
9:35 Uhr		10:00 Uhr
12:51 Uhr		13:45 Uhr
	25 min	15:27 Uhr
	2 h 12 min	18:40 Uhr

b)

Datum	vergangene Zeit	Datum
17.05.	1 Woche	
28.11.	16 Tage	
	9 Tage	18.02.
	3 Wochen	31.08.
23.04.	2 Wochen und 3 Tage	

12 Anna geht zu ihrer Oma. Sie verlässt die Wohnung um 14:45 Uhr und braucht 25 Minuten für den Weg. Bei ihrer Oma bleibt Anna 1 $\frac{1}{4}$ h Stunden. Dann geht sie den gleichen Weg zurück. Wann ist Anna wieder zu Hause?

13 Übertrage in dein Heft und ergänze zu symmetrischen Figuren.

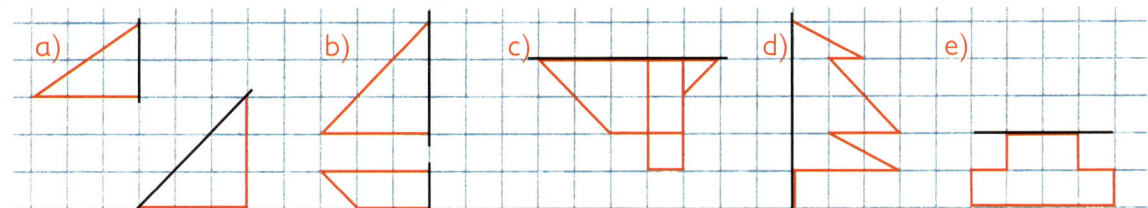

a)   b)   c)   d)   e)

Dividieren mehrstelliger Zahlen durch einstellige Zahlen

„Sport-Otto" bekommt für
sein Geschäft 5 Mountainbikes
geliefert. Auf der Rechnung steht
die Gesamtsumme von 6185 €.
Wie viel Euro kostet ein Mountainbike?

Schreibe so:

```
THZE        THZE
6 1 8 5 : 5 = 1 2 3 7
5 ↓
1 1 |        K : 1 2 3 7 · 5
1 0 ↓            6 1 8 5
  1 8 |
  1 5 ↓
    3 5
    3 5
      0
```

Rechne so:

6 T : 5 = 1 T, denn 1 T · 5 = 5 T Rest 1 T

11 H : 5 = 2 H, denn 2 H · 5 = 10 H Rest 1 H

18 Z : 5 = 3 Z, denn 3 Z · 5 = 15 Z Rest 3 Z

35 E : 5 = 7 E, denn 7 E · 5 = 35 E Rest 0

Antwort: Ein Mountainbike kostet 1237 €.

---

① Dividiere schriftlich und kontrolliere mit der Umkehraufgabe.

a) HZE
762 : 3

b) HZE
984 : 3

c) HZE
792 : 6

d) HZE
896 : 4

e) THZE
4220 : 5

f) THZE
9415 : 7

g) THZE
9872 : 8

h) THZE
8592 : 6

---

② a) 789 : 3   b) 8855 : 7   c) 4672 : 2
   924 : 2   9976 : 4   7593 : 3
   352 : 4   9848 : 8   8498 : 7
   875 : 5   5271 : 3   9756 : 6
   936 : 6   7425 : 5   9472 : 8

```
88   156   175   263
  462   1184   1214   1231
1265   1485   1626   1757
2336   2494   2531
```

---

③ Im Sportgeschäft stehen 3 Kinderfahrräder im Wert von 927 € und
4 Damenfahrräder im Wert von 1664 €.

1. 72 : 8	2. 81 : 9	3. 54 : 6	4. 35 : 5	5. 36 : 9
48 : 6	63 : 7	28 : 4	42 : 6	48 : 8
35 : 7	45 : 9	27 : 3	49 : 7	32 : 4

1 und 2: Schriftlich dividieren durch einstellige Zahlen
3: Inhalt erfassen, Fragen stellen, Aufgaben finden, lösen und antworten
AH ● 52–53   TÜ ● 54

Bei „Sport-Otto" werden in einer Woche 7 gleiche Cityräder für insgesamt 2 268 €
verkauft. Wie viel Euro kostet ein Cityrad?

Schreibe so: Sprich so:

```
2 268 : 7 = 324
21↓
  16
  14↓        K: 324 · 7
  28            2 268
  28
   0
```

22 : 7 = 3, denn 3 · 7 = 21 Rest 1

16 : 7 = 2, denn 2 · 7 = 14 Rest 2

28 : 7 = 4, denn 4 · 7 = 28 Rest 0

Antwort: Ein Cityrad kostet 324 €.

① Dividiere schriftlich und kontrolliere mit der Umkehraufgabe.

a) 876 : 2   b) 966 : 7   c) 1 746 : 2   d) 5 432 : 8   e) 5 358 : 6
   732 : 4   936 : 8   3 924 : 4   6 531 : 7   4 445 : 7
   945 : 5   684 : 4   4 776 : 6   3 745 : 5   2 952 : 9
   912 : 6   864 : 3   2 862 : 9   2 926 : 7   2 868 : 3

117 138 152 171 183 189 288 318 328 418 438
635 679 749 796 873 893 933 956 981

② a) 9 ∎ 68 : 3 = ∎ ∎ 56

```
9
∎∎
 6
 1
 ∎∎
  1∎
  1∎
   0
```

b) 14 ∎ ∎ 2 : ∎ = 3 ∎ 5 ∎

```
12
 2 6
 ∎∎
  2 3
  ∎∎
   3 2
   ∎∎
    ∎
```

③ Rechne und kontrolliere mit der Umkehraufgabe.

a) 492 : 2   b) 6 712 : 8   c) 6 573 : 7   d) 5 224 : 8   e) 9 666 : 9
   632 : 4   1 376 : 4   3 956 : 4   8 136 : 8   9 215 : 5
   735 : 5   8 658 : 9   5 724 : 6   7 854 : 7   7 713 : 3
   931 : 7   7 432 : 8   1 548 : 3   8 645 : 5   9 282 : 6

133 147 158 246 344 516 653 839 929 939 954 962 989 1017 1074
1122 1547 1729 1843 2571

1 und 3: Schriftlich dividieren und mit der Umkehraufgabe kontrollieren
2: Fehlende Ziffern berechnen
AH ◑ 52–53   TÜ ◑ 54

97

① $7\,305 : 3$

Max: Ü: $7\,200 : 3 = 2\,400$
Anna: Ü: $7\,500 : 3 = 2\,500$
Lisa: Ü: $6\,000 : 3 = 2\,000$

a) Was meinst du zu den Überschlägen?
b) Wie überschlägst du?

Ü: $7\,200 : 3 = 2\,400$

$7\,305 : 3 = \underline{\underline{2\,435}}$
$\underline{6}$
13
$\underline{12}$
10
$\underline{9}$
15
$\underline{15}$
0

K: $\underline{2\,435 \cdot 3}$
$\underline{\underline{7\,305}}$

② Überschlage zuerst, rechne
dann schriftlich und kontrolliere.

a) $8\,136 : 4$
$5\,225 : 5$
$7\,236 : 4$
$8\,163 : 9$
$4\,956 : 7$

b) $24\,492 : 6$
$81\,072 : 9$
$26\,828 : 4$
$72\,136 : 8$
$56\,049 : 7$

| 708 | 907 | 1045 | 1809 | 2034 |
| 4082 | 6707 | 8007 | 9008 | 9017 |

③ Überschlage, rechne und kontrolliere.

a) $570 : 3$
$840 : 7$
$1\,530 : 3$
$2\,370 : 6$

b) $3\,027 : 3$
$4\,036 : 4$
$8\,043 : 7$
$9\,801 : 9$

c) $2\,560 : 8$
$8\,706 : 6$
$17\,334 : 6$
$90\,426 : 6$

d) $10\,374 : 7$
$31\,005 : 9$
$23\,792 : 8$
$42\,084 : 6$

e) $2\,790 : 5$
$21\,654 : 6$
$23\,044 : 7$
$87\,288 : 8$

④ Zahlen gesucht

Du erhältst meine Zahl, wenn du 30 264 durch 3 dividierst.

Wenn du meine Zahl mit 4 multiplizierst, erhältst du 28 904.

Wenn du meine Zahl zuerst mit 5 multiplizierst und dann durch 9 dividierst, erhältst du 24 790.

Wenn du meine Zahl zuerst durch 3 dividierst und dann mit 5 multiplizierst, erhältst du 41 065.

Du erhältst meine Zahl, wenn du 63 903 durch 7 dividierst.

Meine Zahl musst du durch 4 dividieren, dann erhältst du 14 650.

1. $7\,200 : 8$
$6\,500 : 6$

2. $8\,100 : 9$
$9\,600 : 7$

3. $5\,400 : 6$
$4\,900 : 4$

4. $4\,800 : 5$
$8\,400 : 6$

5. $25\,000 : 9$
$63\,000 : 8$

1 bis 3: Schriftliches Dividieren mit Nullen und Durchführen eines Überschlages
4: Zahlenrätsel lösen
AH ▶ 52–53 TÜ ▶ 54

(1) Mit der Bergbahn „Sonnenblick" werden 2 354 Personen auf den Gipfel
des Berges befördert. In einer Gondel dürfen immer 6 Personen mitfahren.

a) Wie viele Gondeln werden besetzt?

Ü: 2 400 : 6 = 400

2 354 : 6 = 392 Rest 2

$$\begin{array}{l} 18 \\ 55 \\ \underline{54} \\ 14 \\ \underline{12} \\ 2 \end{array}$$

K: 392 · 6
   2 352
 +   2
   2 354

b) Wie viele Gondeln werden benötigt, wenn 1 995 Personen auf den Gipfel
befördern werden müssen?

(2) Überschlage, rechne und kontrolliere.

a) 1 218 : 4
   2 803 : 3
   3 053 : 7
   5 913 : 6

b) 18 317 : 5
   18 235 : 4
   89 238 : 9
   25 654 : 8

c) 72 857 : 2
   53 609 : 5
   50 374 : 7
   67 543 : 8

d) 20 360 : 9
   36 024 : 7
   38 708 : 6
   47 653 : 9

(3) Beim Frühlingsfest fahren am
Wochenende 1 238 Personen mit
dem Riesenrad. In jeder Gondel
sitzen 4 Personen.
Wie viele Gondeln werden besetzt?

4 Mit dem Aufzug werden im Sommer
in einer Woche 1 065 Personen auf
die Aussichtsplattform des Hochhauses
am Markt transportiert. Je Fahrt
können 9 Personen befördert werden.

  Denke dir eine Rechengeschichte zu einer Divisionsaufgabe mit Rest aus und
löse sie. Erkläre deinem Nachbarn, wie du rechnest.

1. 25 : 4	2. 30 : 7	3. 55 : 6	4. 78 : 9	5. 28 : 5	6. 87 : 9
44 : 8	26 : 3	56 : 7	35 : 4	26 : 3	48 : 9
19 : 2	48 : 7	22 : 4	38 : 6	58 : 7	38 : 5

1 und 2: Aufgaben mit Rest lösen und über das Ergebnis sprechen 3 und 4: Inhalt erfassen,
Frage finden (Nr. 4), Aufgaben finden, lösen und antworten 5: Rechengeschichten ausdenken
AH ◐ 54   TÜ ◐ 55

99

Teilbarkeit

Eine Zahl ist teilbar
- durch 2, wenn die letzte Ziffer eine 0, 2, 4, 6 oder 8 ist,
- durch 5, wenn die letzte Ziffer eine 0 oder 5 ist,
- durch 10, wenn die letzte Ziffer eine 0 ist.

(1)

a) 6 343 : 2
   12 352 : 2
    8 909 : 2
   17 707 : 2

b) 8 950 : 5
   57 601 : 5
   64 535 : 5
   74 509 : 5

c) 16 206 : 10
   20 138 : 10
   89 250 : 10
   45 699 : 10

d) 36 258 : 2
   54 895 : 5
   26 320 : 10
   69 356 : 5

(2) Finde Zahlen, die durch 2 oder durch 5 oder durch 10 teilbar sind.

(3) Finde Zahlen, die sowohl durch 2, durch 5 als auch durch 10 teilbar sind.

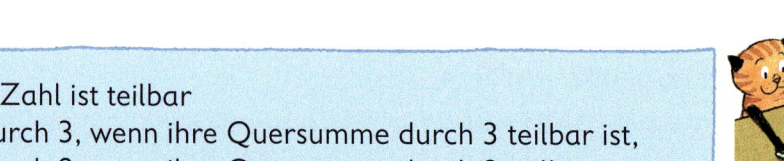

Eine Zahl ist teilbar
- durch 3, wenn ihre Quersumme durch 3 teilbar ist,
- durch 9, wenn ihre Quersumme durch 9 teilbar ist.

Beispiele:

17 952 : 3
Quersumme der Zahl 17 952
bestimmen: $1 + 7 + 9 + 5 + 2 = 24$

$24 : 3 = 8$ Die Quersumme ist
durch 3 teilbar, dann ist die Zahl
17 952 durch 3 teilbar.

27 369 : 9
Quersumme der Zahl 27 369
bestimmen: $2 + 7 + 3 + 6 + 9 = 27$

$27 : 9 = 3$ Die Quersumme ist
durch 9 teilbar, dann ist die Zahl
27 369 durch 9 teilbar.

(4) Überprüfe, ob die Zahlen durch 3 und 9 teilbar sind.

a) 19 020
   23 841
   53 821
    6 453

b) 47 241
   254 336
    65 022
   633 042

c)   4 927
   124 352
    75 321
    54 381

d) 16 011
    14 523
   248 211
    75 654

e) 345 821
    93 012
    78 021
   328 253

(5) Finde mindestens 5 dreistellige Zahlen, die durch 3 teilbar sind.

(6) Finde mindestens 5 vierstellige Zahlen, die durch 9 teilbar sind.

(7) Finde Zahlen, die sowohl durch 3 als auch durch 9 teilbar sind.

1 und 4: Teilbarkeit überprüfen und Aufgaben lösen
2, 3, 5, 6, 7: Zahlen finden, die den Anforderungen entsprechen
AH ○ 55   TÜ ○ 56

1 Prüfe die Teilbarkeit dieser Zahlen mit Hilfe der Teilbarkeitsregeln.
Fertige eine Tabelle an.

a) 844
6 428
87 300
26 480
7 535

b) 66 330
127 320
39 744
529 328
1 862

c) 23 463
245 313
4 320
145 236
753 530

d) 16 324
225 440
38 250
497 952
8 001

e) 220 362
5 332
73 416
312
20 007

Zahl	teilbar durch				
	2	3	5	9	10
344	X				
12 663		X		X	

2 Finde mindestens 3 fünfstellige Zahlen, die teilbar sind durch

a) 2, b) 5, c) 10, d) 3, e) 9.

Ist eine Zahl größer als 1 und nur durch 1
und durch sich selbst teilbar,
so ist diese Zahl eine **Primzahl,** z.B. 2, 3, 5, 7, 11, …

3 Finde mindestens noch 5 weitere Primzahlen.

4 Überprüfe, ob folgende Zahlen Primzahlen sind.

100   102   104   106   108   110   112   114

101   103   105   107   109   111   113   115

5 Entscheide: wahr oder falsch?

Es gibt nur
eine gerade
Primzahl.

Eine Primzahl
hat die
Quersumme 11.

Alle Zehner
enthalten gleich
viele Primzahlen.

Alle Primzahlen
sind ungerade
Zahlen.

1: Anwenden der Teilbarkeitsregeln; Teilbarkeit in einer Tabelle ankreuzen
3 und 4: Wissen über Primzahlen anwenden   5: Aussagen überprüfen
AH ▶ 55   TÜ ▶ 56

101

Dividieren von Größenangaben in Kommaschreibweise

① Drei Freunde teilen sich einen Lottogewinn von 185,82 €.

Wie viel Euro erhält jeder, wenn der Gewinn gleichmäßig aufgeteilt wird?

So rechnet Max:

Ü.: 180 € : 3 = 60 €

```
185,82 € : 3 = 61,94 €
18
 05
  3                K:  61,94 € · 3
 2 8                    185,82 €
 2 7
  12
  12
   0
```

Anna: Ich wandle in Cent um.

```
        185,82 € = 18 582 ct
Ü.: 18 000 ct : 3 = 6 000 ct

18 582 ct : 3 = 6 194 ct
18
 05
  3                K:  6 194 ct · 3
 28                     18 582 ct
 27
  12           18 582 ct = 185,82 €
  12
   0
```

Antworte.

Wenn du beim Rechnen im Dividenden das Komma überschreitest, musst du es auch im Quotienten setzen.

② Berechne die Einzelpreise. Kontrolliere.

Sonderangebote

Schnittkäse	3 Packungen	3,87 €		Filinchen	6 Packungen	2,94 €
Milchgetränk	4 Flaschen	1,96 €		Teigwaren	3 Packungen	2,31 €
Joghurt	9 Becher	4,14 €		Saft	6 Flaschen	5,28 €
Fischstäbchen	3 Packungen	4,98 €		Schokolade	10 Tafeln	7,20 €
Margarine	4 Becher	2,36 €		Pfirsiche	5 Dosen	2,95 €

③

a)	b)	c)	d)
26,35 m : 5	12,273 km : 3	34,608 t : 8	28,244 kg : 2
137,25 m : 9	85,644 km : 9	3,038 t : 7	9,305 kg : 5
253,33 m : 7	4,029 km : 3	66,426 t : 6	12,024 kg : 6
98,49 m : 7	7,324 km : 4	9,574 t : 2	83,655 kg : 9
54,32 m : 8	45,396 km : 6	91,008 t : 9	6,502 kg : 2

① Beim Schulfest der Lindenschule erbrachte der Kuchenbasar einen Erlös von 369 €, die Tombola einen Erlös von 278 € und der Trödelmarkt einen Erlös von 305 €. Die Gesamteinnahmen sollen für Projekte auf alle 7 Klassen gleichmäßig aufgeteilt werden. Wie viel Euro erhält jede Klasse?

So kannst du rechnen:

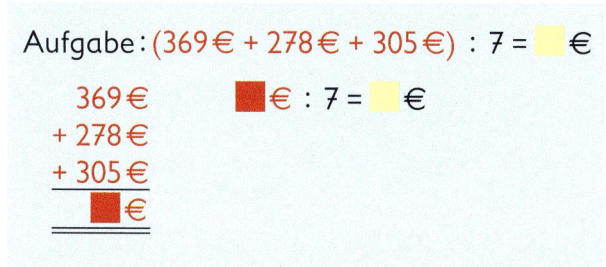

Aufgabe: $(369 € + 278 € + 305 €) : 7 = \square €$

$$369 €$$
$$+ 278 €$$
$$+ 305 €$$
$$\overline{\blacksquare €}$$

$\blacksquare € : 7 = \square €$

Tipp:
Denke an die Regel.
Rechne erst die Aufgabe in den Klammern.

Antworte.

Rechne und vergleiche die Lösungen. Was stellst du fest?
Erkläre deine Feststellung.

② a) $(348 + 276) : 4$
   $348 + 276 \ : 4$

b) $455 : \ 7 - 2$
   $455 : (7 - 2)$

c) $714 : \ 6 - 3$
   $714 : (6 - 3)$

③ a) $324 : 6 + 132 : 6$
   $(324 + 132) : 6$

b) $936 : 8 + 432 : 8$
   $(936 + 432) : 8$

c) $1638 : 7 - 924 : 7$
   $(1638 - 924) : 7$

④

a	a : 7	a : 7 + 289
632		
1652		
4578		
4823		

⑤

b	6 · b	6 · b + 200
254		
	3534	
		2342
	3828	

⑥ Welche Zahlen kannst du einsetzen?

a) $a \cdot 323 + 28 < 1000$
   $126 - 484 : 4 > c$

b) $294 : 7 - 40 > b$
   $2 \cdot d + 2 \cdot 523 < 1056$

1. $(3 + 4) \cdot 7$ 2. $8 \cdot (12 - 8)$ 3. $6 \cdot \ 3 + 4 \ \cdot 5$ 4. $5 \cdot \ 9 + 15$ 5. $4 \cdot \ 8 + 12$
   $3 + 4 \ \cdot 7$ $8 \cdot \ 12 - 8$ $6 \cdot (3 + 4) \cdot 5$ $5 \cdot (9 + 15)$ $4 \cdot (8 + 12)$

1: Wiederholung der Regeln für Klammern, Punktrechnung und Strichrechnung
2 bis 6: Anwenden der Regeln
AH ● 57   TÜ ● 57

103

Durchschnitt

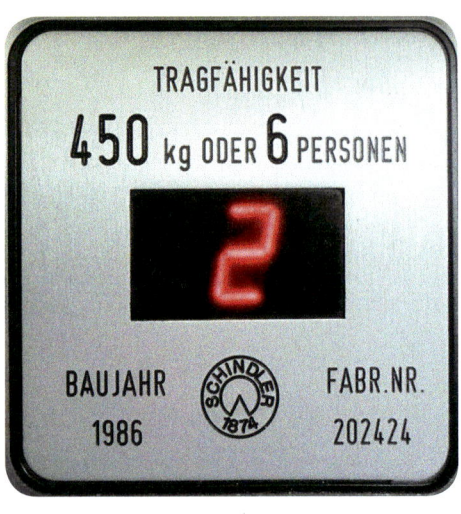

TRAGFÄHIGKEIT
450 kg ODER 6 PERSONEN

2

BAUJAHR 1986
FABR.NR. 202424

① a) Von welchem durchschnittlichen Gewicht pro Person geht man aus, wenn 6 Personen mitfahren dürfen?
   b) Berechne.
      Vervollständige die Tabelle im Heft.

Tragfähigkeit	800 kg	960 kg	640 kg	720 kg	574 kg
Personenzahl	10	12	8	9	7
Durchschnitts-gewicht pro Person					

② Addiere immer die drei Zahlen. Dividiere die Summe durch 3. Was stellst du fest?

a) 132	b) 254	c) 370	d) 2012	e) 2222	f) 354	g) 1229
133	257	470	4012	4444	708	2458
134	260	570	6012	6666	1062	3687

Den **Durchschnitt** erhältst du, wenn du die Summe der Zahlen durch die Anzahl ihrer Summanden dividierst.

③ Die Tabelle enthält die Anzahl der Schüler in den Klassen 1 bis 4 einer Grundschule.

Klassen	1a	1b	2a	2b	3a	3b	4a	4b
Anzahl der Kinder	23	26	26	21	19	22	18	21

a) Berechne, wie viele Kinder im Durchschnitt in einer Klasse sind.
b) Veranschauliche die Anzahlen in einem Streifendiagramm.

④ Beim Sportfest benötigen die Jungen der Klasse 4b beim Lauf unterschiedliche Zeiten für eine kleine Runde.

Jungen	Max	Tim	Til	Ben	Nick	Jonas	Pascal	Marcel
Zeit	67 s	72 s	75 s	68 s	76 s	73 s	69 s	76 s

a) Berechne die durchschnittliche Zeit für eine Runde.
b) Veranschauliche die Zeiten in einem Streifendiagramm.

1 und 2: Durchschnitte berechnen
3 und 4: Durchschnitte berechnen und Streifen- bzw. Säulendiagramm anfertigen
AH ▶ 58   TÜ ▶ 58

12040 : 70

Ü: 14000 : 70 = 200
   12040 : 70 = 172
   70↓
   504   K: 172 · 70
   490↓   12040
    140
    140
      0

Ich rechne so.

120 : 70 = 1R50

504 : 70 = 7R14

140 : 70 = 2

① Überschlage, rechne und kontrolliere mit der Umkehraufgabe.

a)	972 : 3	b)	7854 : 7	c)	6820 : 20	d)	80200 : 40
	9720 : 30		78540 : 70		4950 : 50		36260 : 70
	726 : 6		6345 : 5		6880 : 40		73260 : 90
	7260 : 60		63450 : 50		9060 : 60		67520 : 80

Die Malfolge der 12 hilft beim Rechnen.

Ich nutze die Folge der 25.

② 4512 : 12

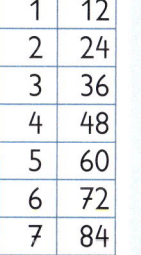

1	12
2	24
3	36
4	48
5	60
6	72
7	84
8	96
9	108
10	120

4512 : 12 = 376
36
91   K: 376 · 12
84   376
72   752
72   4512
 0

5925 : 25

1	25
2	50
3	75
4	100
5	125
6	150
7	175
8	200
9	225
10	250

5925 : 25 = 237
50
92   K: 237 · 25
75   474
175   1185
175   5925
 0

③ Rechne und kontrolliere mit der Umkehraufgabe.

a)	6192 : 12	b)	7800 : 25	c)	9156 : 12	d)	3100 : 25
	10380 : 12		4625 : 25		5868 : 12		8225 : 25
	3456 : 12		6575 : 25		1488 : 12		5975 : 25

1 Die Kinder der Klasse 4a fahren zu ihrer Abschlussfahrt 5 Tage an die Ostsee.

> *Es fahren:* 21 Kinder   *Kosten:* Bahnfahrt: 1 968,80 €
>
> 2 Betreuer   Verpflegung und Unterkunft: 2 171,20 €
>
> *Unterbringung:* je Zimmer 4 Kinder; Erwachsene 1 Person pro Zimmer

a) Wie viel Euro kostet die Bahnfahrt für eine Person?
b) Wie viel Euro muss jedes Kind für Unterkunft und Verpflegung bezahlen?
c) Wie viel kostet die Unterkunft und Verpflegung pro Tag für jeden Teilnehmer?
d) Wie viele Zimmer werden zur Unterbringung benötigt?

2 Die Klasse 4a will mit dem Zug von Leipzig über Stralsund zum Ostseebad Binz fahren. Der Fahrplan gibt zwei Möglichkeiten für die Abreise an.

Leipzig Hbf.	ab 7:51	ab 8:51
Berlin-Gesundbrunnen Berlin-Gesundbrunnen	an 9:07 ab 9:49	an 10:20 ab 10:39
Stralsund Stralsund	an 12:51 ab 13:04	an 13:47 ab 14:04
Ostseebad Binz	an 13:55	an 14:57

a) Berechne die Fahrzeiten von Leipzig nach Berlin, von Berlin nach Stralsund und die Gesamtfahrzeit von Leipzig nach Binz.
b) Vergleiche beide Fahrzeiten. Was stellst du fest?

1 und 2: Inhalte erfassen, Aufgaben finden, lösen und antworten
AH ▶ 60

1. Die 21 Kinder wandern 90 Minuten am Strand entlang und erreichen dann die Eisbar „Pinguin". Für Eis und Getränke werden pro Person 1,85 € berechnet. Wie viel Euro muss die Lehrerin insgesamt bezahlen?

2.

SCHWIMMBAD

Eintritt	
Kinder unter 3 Jahren	frei
Kinder bis 12 Jahre	2,35 €
Erwachsene	3,70 €
Gruppenkarte (10 Kinder)	19,50 €

Am 2. Urlaubstag besuchen die Kinder zusammen mit der Sportlehrerin das Schwimmbad „Zur blauen Welle".

a) Wie viel Euro muss die Lehrerin insgesamt bezahlen?

b) Wie viel Euro sparen sie durch den Kauf von Gruppenkarten ein?

3. Am Mittwochnachmittag ist eine Fahrt mit dem „Rasenden Roland" geplant. Paul muss im Heim bleiben, weil er sich am Fuß verletzt hat. Sein Freund Tom bleibt bei ihm. Für die Hin- und Rückfahrt bezahlt die Lehrerin pro Kind 3,85 € und pro Erwachsenen 5,35 €.

a) Wie viel Euro muss sie insgesamt bezahlen?
b) Bis zum Bahnhof laufen die Kinder 1 km 92 m. Wie lang sind Hin- und Rückweg zusammen, wenn die Gruppe auf dem Rückweg eine Umleitung von 340 m gehen muss?

4. Für den Abend planen die Lehrerinnen eine Nachtwanderung, bei der die Kinder 250 m allein durch den Wald gehen sollen.
Sie wollen vom Start bis zum Ziel alle 25 m eine Lampe als Wegweiser aufstellen.
Wie viele Lampen benötigen sie?
Zeichne eine Skizze.

5. In ihrer freien Zeit spielen die Kinder gern mit Karten. Ben, Max, Tom und Anna haben zusammen 50 Karten. Ben hat halb so viele Karten wie Max. Tom hat 5 Karten mehr als Ben. Anna hat 5 Karten. Wie viele Karten hat jedes Kind?

Ben	Max	Tom	Anna
			5

1 bis 5: Inhalte erfassen, Aufgaben finden, lösen und antworten
4: Skizze anfertigen   5: Tabelle anfertigen
AH ▷ 60

107

Kombinieren

(1) Sonne, Mond und Sterne verdecken die Zahlen.
Finde die verdeckten Zahlen.

[2] Zeichne diese Figur in dein Heft.
Trage die Zahlen von 1 bis 8 in
die Quadrate so ein,
dass die Summe aus den drei Zahlen
auf einer geraden Linie 14 beträgt.

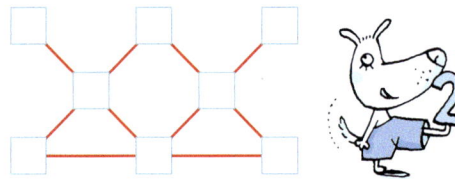

(3) Es kommen Vögel geflogen.
Wenn sie sich einzeln auf die Bäume
setzen, dann bleibt ein Vogel übrig.
Setzen sie sich aber paarweise auf
die Bäume, dann bleibt ein Baum
ohne Vogel.
Wie viele Vögel und wie viele Bäume
sind es?

Tipp:
Es sind weniger als fünf
Vögel und auch weniger
als fünf Bäume.

1: Zahlen für die Symbole finden   2: Zahlen so eintragen, dass die Summe 14 ergibt
3: Anzahl der Vögel und Bäume bestimmen

AH ▶ 61   TÜ ▶ 59

1 Lege diese Figur mit Stäbchen.
Nimm 5 Stäbchen so weg, dass nur
noch 3 Quadrate übrig bleiben,
deren Seiten einander nicht berühren.

2 Ben hat vier Dreiecke mit 12 Stäbchen
gelegt.

a) Maria behauptet, sie kann mit nur
9 Stäbchen vier Dreiecke legen.
Kannst du das auch?

b) Lisa schafft es sogar, mit nur
6 Stäbchen vier Dreiecke
herzustellen.
Wie macht sie das?

Tipp:
Es gibt Körper, die
haben Dreiecke als
Begrenzungsflächen.

3 Max hat an seinem Koffer ein Schloss,
das sich nur mit einer Zahlenkombination aus den Ziffern
1, 3, 4, 6 öffnen und schließen lässt.
Er hat die Zahlenkombination
vergessen und muss nun probieren, bei
welcher Kombination der Ziffern sich
der Koffer öffnet.
Wie viele Kombinationsmöglichkeiten
gibt es? Schreibe alle auf.

Schreibe so:

1 3 4 6   1 4 3 6   1 6 3 4   …
1 3 6 4   1 4 6 3

Ich
habe mehr
Brüder als
Schwestern.

4 Ein Junge hat ebenso viele Schwestern wie Brüder.
Seine Schwestern haben halb so viele Schwestern
wie Brüder.

a) Wie viele Kinder gibt es in der Familie?
b) Wie viele Jungen und Mädchen sind es?

1: Figur legen und neue Figur durch Wegnehmen der Stäbchen bilden   2: Dreiecke mit der gegebenen Anzahl von Stäbchen legen
3: Alle Zahlenkombinationen finden   4: Anzahl der Kinder, Jungen und Mädchen bestimmen
AH ● 61   TÜ ● 59

109

1 Kinder sind im Straßenverkehr besonders gefährdet. Die Polizei hat in einer Tabelle die Verkehrsunfälle, an denen Kinder von 6 bis 12 Jahren beteiligt waren, zusammengestellt.

Jahr	als Fußgänger	als Radfahrer
2007	14 476	8 725
2008	11 906	12 123
2009	10 625	11 316
2010	9 844	9 914

a) Beschreibe, wie sich die Unfallzahlen in den vier Jahren bei den Fußgängern und bei den Radfahrern verändert haben.

b) Vergleiche die Entwicklung der Unfälle von 2007 zu 2008 mit der Entwicklung von 2009 zu 2010 bei den Fußgängern und bei den Radfahrern.
Berechne dazu die Verringerung oder Steigerung der Unfälle.

c) Fertige ein Streifendiagramm zur Entwicklung der Unfälle an. Runde dazu die Unfallzahlen auf Tausender. Verwende für die Streifen der Fußgänger und Radfahrer verschiedene Farben. 1 Kästchen soll 1 000 Unfälle bedeuten.

2 Das Streifendiagramm zeigt, wie viele Kinder des 4. Schuljahres an der Fahrradprüfung teilgenommen haben.

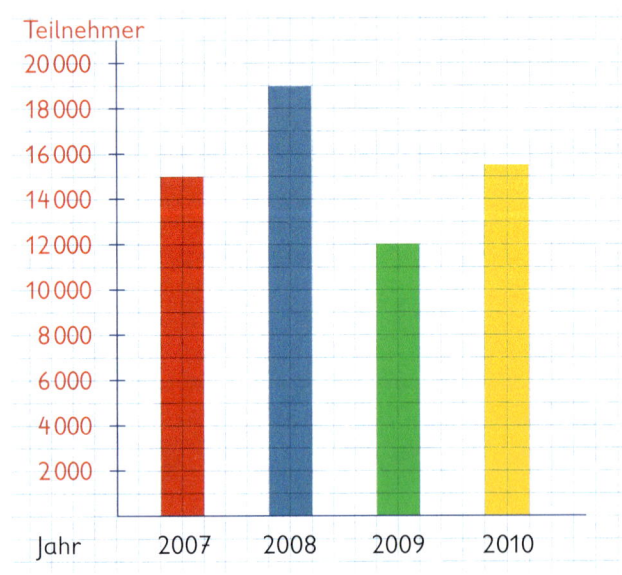

a) Wie viele Kinder haben in jedem Jahr an der Prüfung teilgenommen?

b) In welchem Jahr haben weniger als 14 000 Kinder an der Prüfung teilgenommen?

c) In welchen Jahren haben mehr als 15 000 Kinder an der Prüfung teilgenommen?

d) Stimmt es: 2009 haben 3 000 Kinder weniger an der Prüfung teilgenommen als 2007? Begründe.

1: Unfallzahlen deuten; Entwicklung des Unfallgeschehens anhand der Zahlen erläutern; Verringerung bzw. Steigerung berechnen
2: Anzahl der Teilnehmer ablesen und Zahlen miteinander vergleichen

AH ● 62   TÜ ● 60

1 Im Rathaus einer Stadt hängt dieses Streifendiagramm mit dem Aufruf an alle Bürger, weniger Müll zu erzeugen.

a) Lies ab, wie viel Kilogramm Müll jeder Bürger in den Jahren erzeugt hat.

b) Vergleiche die Müllmengen in den Jahren von 2007 bis 2010 miteinander. Was stellst du fest?

c) Stimmt es, dass 2010 von jedem Bürger doppelt so viel Müll erzeugt wurde wie im Jahr 2008?

d) Wie viel Kilogramm Müll hat jeder Bürger im Jahr 2007 weniger erzeugt als im Jahr 2008?

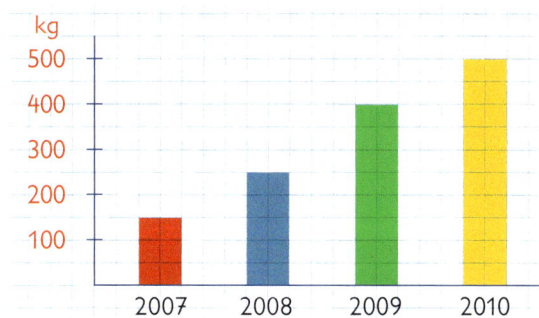

Durchschnittliche Müllmenge je Bürger in Kilogramm

2 Zahlen aus der Altglassammlung

a) Zeichne ein Streifendiagramm mit 1 Kästchen für 100 000 t.

b) Stimmt es, dass 2010 rund doppelt so viel wie 2006 und rund viermal so viel wie 2004 gesammelt wurde? Begründe.

Jahr	Menge
2004	150 000 t
2006	320 000 t
2008	490 000 t
2010	630 000 t

Glas gehört in die Glastonne!

3 Entscheide: „ist möglich", „ist sicher" oder „ist unmöglich".

○ In den kommenden Jahren werden die Menschen weniger Müll erzeugen.
○ Es wird eine Zeit kommen, in der kein Müll mehr erzeugt wird.
○ Aus alten Gläsern und Flaschen wird neues Glas hergestellt.
○ Verpackungspapier kann aus Altpapier hergestellt werden.
○ Die Unfälle, an denen Kinder beteiligt sind, werden weniger.
○ Wenn alle Menschen die Verkehrsregeln einhalten, gibt es keine Verkehrsunfälle.

1: Müllmenge für jedes Jahr ablesen; Mengen vergleichen; Differenzen berechnen
2: Diagramm anfertigen; Aussage überprüfen   3: Wahrscheinlichkeit bestimmen und begründen
AH ○ 62   TÜ ○ 60

111

Maßstab – Vergrößern

Maßstab
3 : 1
3 cm im Bild
sind 1 cm in
Wirklichkeit.

Vergrößert
Maßstab 3 : 1

Größe in Wirklichkeit
Maßstab 1 : 1

(1) Miss die Längen. Berechne die Körperlängen nach dem Maßstab.

Maßstab 2 : 1   Maßstab 4 : 1   Maßstab 3 : 1   Maßstab 3 : 1

(2) Zeichne im Maßstab 2 : 1.

a)   b)   c)   d)   e)

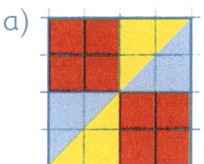   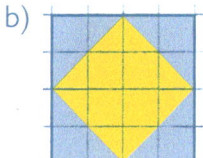   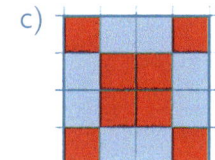   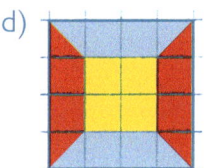   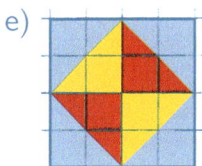

(3) Zeichne die Buchstaben im Maßstab 2 : 1.
Wie kannst du kontrollieren, ob du richtig gezeichnet hast?

(4)

Vergrößerte Länge	8 cm	40 mm	60 mm			
Maßstab	4 : 1	5 : 1	10 : 1	20 : 1	50 : 2	100 : 1
Länge in Wirklichkeit				8 cm	5 mm	20 mm

1: Länge in der Wirklichkeit berechnen   2 und 3: Bilder und Buchstaben vergrößert zeichnen
4: Wirkliche bzw. vergrößerte Längen berechnen
AH ◗ 63

Maßstab
1 : 2
1 cm im Bild
sind 2 cm in
Wirklichkeit.

Verkleinert
Maßstab 1 : 2

Größe in Wirklichkeit
Maßstab 1 : 1

① Miss die Längen. Berechne die Längen in Wirklichkeit nach dem Maßstab.

Maßstab 1 : 30   Maßstab 1 : 1   Maßstab 1 : 10   Maßstab 1 : 20

② a) Zeichne die Stifte im Maßstab 1 : 2 in dein Heft. Überprüfe deine Zeichnung.

b) Suche eigene Beispiele. Gib den Maßstab an und zeichne sie.

③ Zeichne Gegenstände verkleinert.

a) Toms Schultasche ist 30 cm lang und 40 cm breit. Zeichne sie im Maßstab 1 : 10.
b) Ein Trinkglas ist 12 cm hoch und 6 cm breit. Zeichne es verkleinert.
   Gib den Maßstab an.
c) Suche eigene Beispiele. Gib den Maßstab an und zeichne sie.

④

Verkleinerte Länge	4 cm	40 mm	60 mm			
Maßstab	1 : 4	1 : 5	1 : 10	1 : 20	1 : 50	1 : 100
Länge in Wirklichkeit	16 cm			80 cm	1 m	3 m

1: Länge in der Wirklichkeit berechnen   2: Bilder durch Zeichnen verkleinern
3: Gegenstände verkleinert zeichnen; günstige Maßstäbe finden   4: Wirkliche und verkleinerte Längen berechnen
AH ● 63

113

Maßstäbe

(1) Familie Schulz besucht die Hauptstadt Berlin. Im Prospekt ihres Hotels ist ein Zweibettzimmer im Maßstab 1 : 100 abgebildet.

a) Wie lang und wie breit ist das Zimmer in Wirklichkeit?

b) Welche Maße für die Möbel kannst du aus der Zeichnung bestimmen?

c) Wie breit sind Tür und Fenster?

d) Zeichne die Umrisse deines Zimmers im Maßstab 1 : 100 auf. Miss dazu die Länge und Breite.

Maßstab

1	:	100
Bild		Wirklichkeit
1 cm		100 cm = 1 m
im Bild	entspricht	in Wirklichkeit

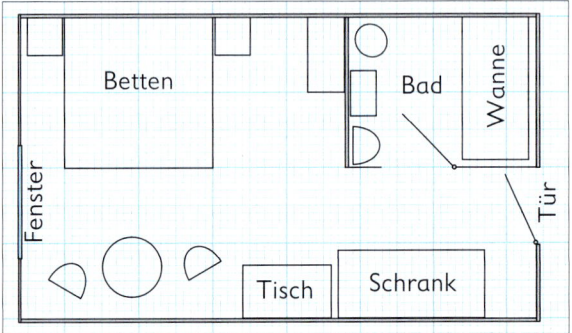

(2) a) In welchem Maßstab sind diese Sehenswürdigkeiten von Berlin abgebildet?

Fernsehturm   Brandenburger Tor   Funkturm

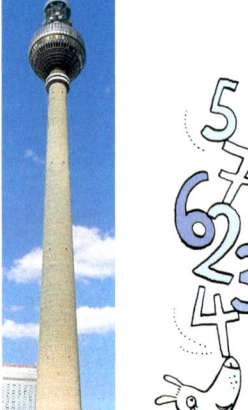

Höhe 368 m   Höhe 26 m   Höhe 150 m

 b) Sucht aus Zeitungen oder Zeitschriften Beispiele aus eurem Heimatort.

(3) In welchem Maßstab kann man zeichnen:
ein Hochhaus mit der Höhe von 40 m, ein Schiff mit einer Länge von 250 m, ein Fußballfeld mit der Länge von 120 m und einer Breite von 70 m?

1: Längen nach Maßstab bestimmen   2: Maßstäbe bestimmen   3: Sinnvolle Maßstäbe finden

AH ▶ 64

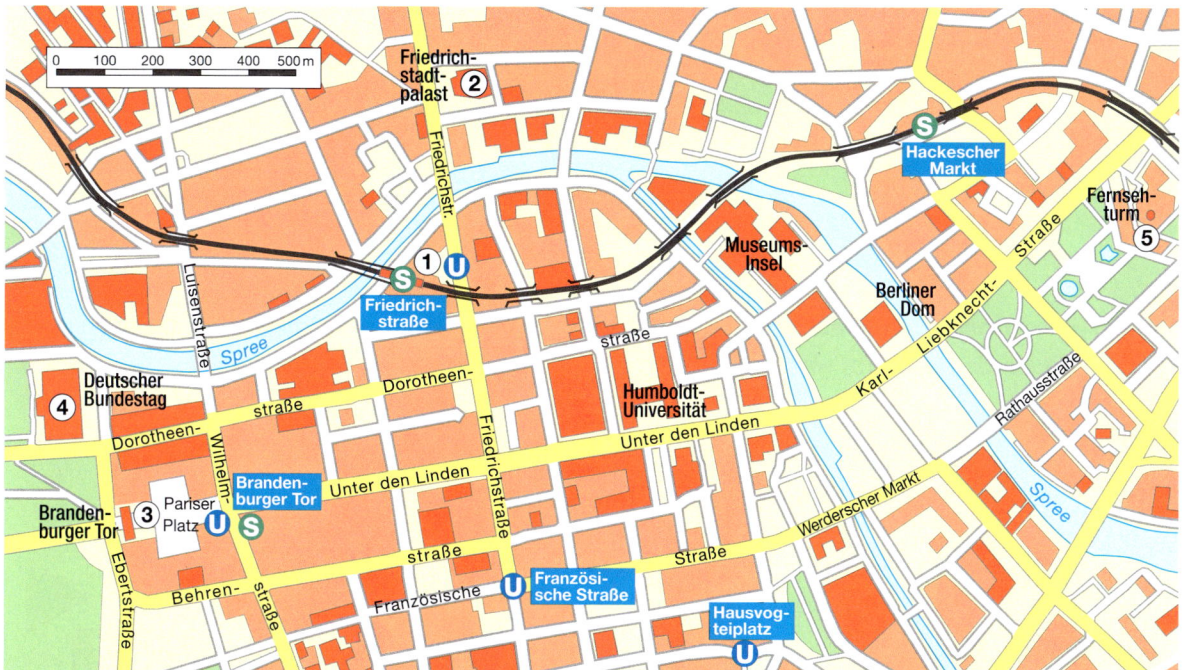

1 Stadtplanausschnitt von Berlin im Maßstab 1 : 15 000

   a) Wie viel Meter in Wirklichkeit sind ein Zentimeter auf dem Bild?

   b) Wie weit sind die Wege
     ○ vom S-Bahnhof Friedrichstraße ① zum Friedrichstadtpalast ②,
     ○ vom Brandenburger Tor ③ zum Deutschen Bundestag ④?

   c) Gib mindestens zwei weitere Strecken an und ermittle ihre Längen.

   d) Wie viel Zeit brauchst du zu Fuß vom Fernsehturm ⑤ zum Brandenburger Tor ③,
     wenn du in einer Stunde etwa 4 Kilometer gehst?

2 Auf Karten und Plänen werden unterschiedliche Maßstäbe angegeben.
Fertige im Heft eine Übersicht wie im Beispiel an.

Pläne/Karten	Maßstab	1 cm im Bild entspricht in Wirklichkeit
Gebäudepläne	1 : 1 000	
Stadtpläne	1 : 20 000	
Landkarten	1 : 100 000	

3 Bestimme mit einem Plan deines Heimatortes Entfernungen.
Beachte dabei den Maßstab.

Körper

1 a)

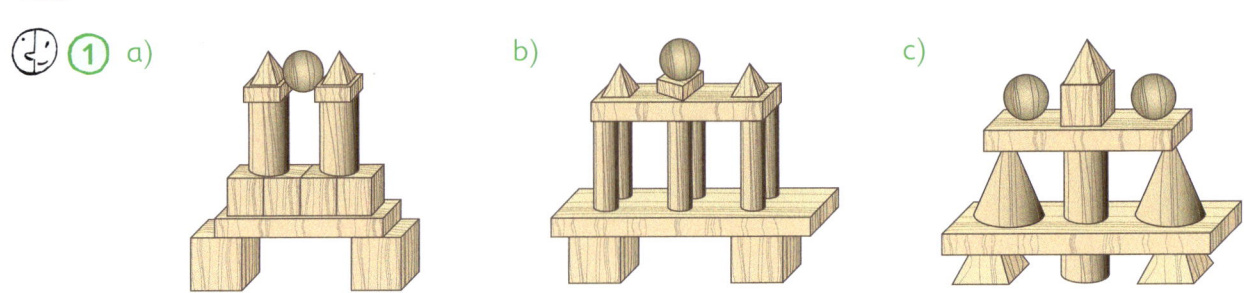

Welche Körper wurden beim Bauen verwendet? Nenne die Namen der Körper.
Zeige sie deinem Nachbarn.

2 Wie heißen die Körper?
Mit welchen Flächen kannst du sie bekleben?

a)

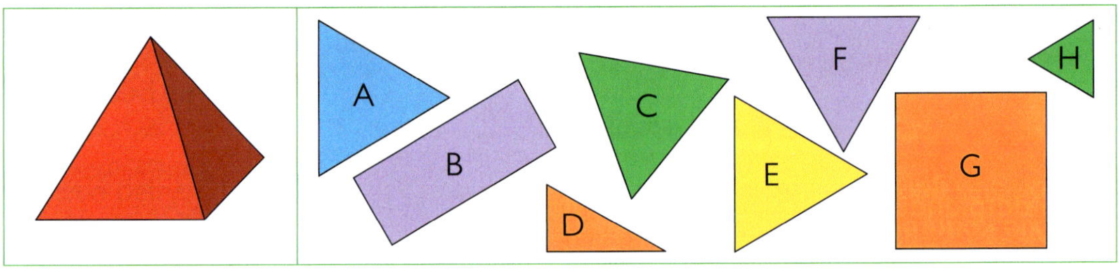

A · B · C · D · E · F · G · H

b)

I · J · K · L · M · N

c)

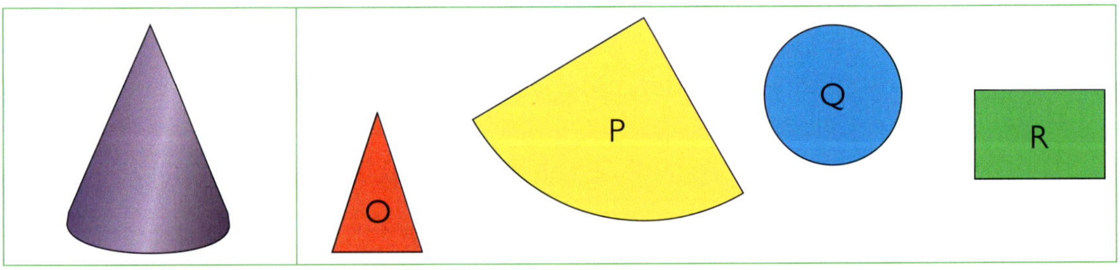

O · P · Q · R

d)

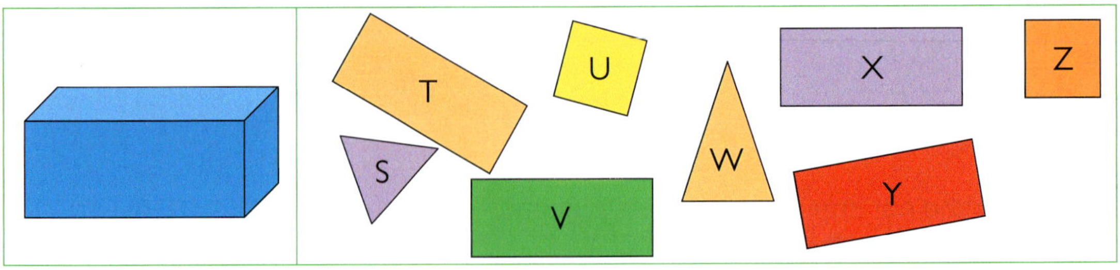

S · T · U · V · W · X · Y · Z

116

1: Körper erkennen und benennen
2: Begrenzungsflächen bestimmen
AH ❍ 65   TÜ ❍ 61

① Suche Wege auf den Kanten des Quaders.

Schreibe sie so auf: A – D – C – B

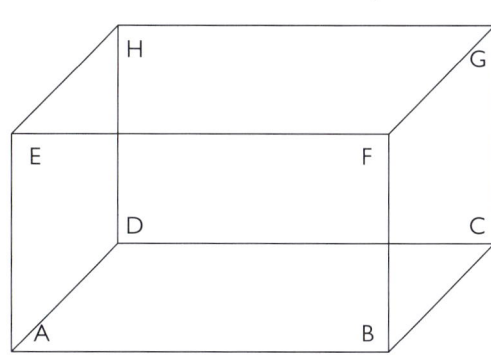

Zeige sie deinem Nachbarn.
a) von A nach G   d) von H nach B
b) von D nach B   e) von G nach D
c) von F nach D   f) von F nach A

② Wege am Quader. Wo kommst du an?

a) von A nach hinten, dann nach oben,
   dann nach rechts
b) von C nach vorn, dann nach links,
   dann nach hinten
c) Erfinde selbst eine Wegbeschreibung.

Tipp:
Es gibt immer mehrere Möglichkeiten.

③ Beschreibe einen dieser Körper.

Dein Nachbar soll sagen,
welchen Körper du meinst.

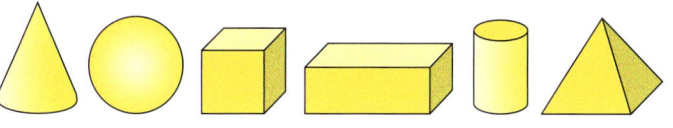

④ Die Kinder beschreiben Körper. Wie heißen sie?

Der Körper hat
8 Ecken, 12 gleich
lange Kanten und
6 quadratische
Flächen.

Der Körper hat
3 Flächen, 2 Kanten,
aber keine Ecken.

Der Körper hat keine
Ecken und keine Kanten.

Der Körper hat 8 Ecken, 12 Kanten
und 6 rechteckige Flächen.

⑤ Wahr oder falsch?

a) Für das Kantenmodell eines Würfels benötigt man 8 Stäbchen und 8 Kügelchen.
b) Ein Quader kann 2 quadratische und 4 rechteckige Flächen haben.
c) Für das Kantenmodell einer Pyramide benötigt man 6 Stäbchen und 4 Kügelchen.
d) Beim Würfel ist die Anzahl der Ecken gleich der Anzahl der Kanten.

1. Wie viele Flächen hat: a) ein Würfel, b) ein Quader, c) ein Zylinder?
2. Welche Körper haben eine Spitze?
3. Zeichne auf Kästchenpapier ein Quadrat, ein Rechteck und ein Trapez.

1: Wege nach Vorgabe beschreiben   2: Wege nachvollziehen und Zielpunkt benennen
3: Körper beschreiben   4: Körper bestimmen   5: Wahrheitsgehalt der Aussagen überprüfen
AH ▸ 65   TÜ ▸ 61

117

Würfelnetze

Ben erklärt, wie er das Würfelnetz gezeichnet hat:

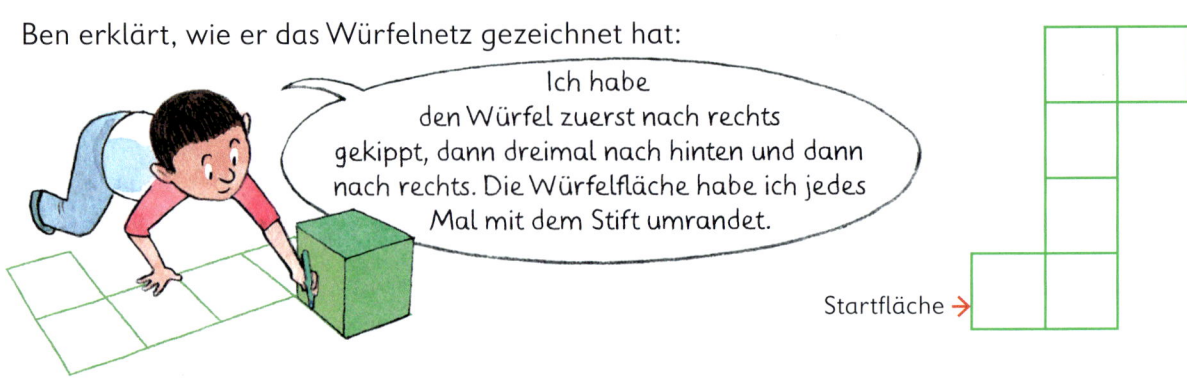

Ich habe den Würfel zuerst nach rechts gekippt, dann dreimal nach hinten und dann nach rechts. Die Würfelfläche habe ich jedes Mal mit dem Stift umrandet.

Startfläche →

① Zeichne das Würfelnetz in dein Heft. Kippe dazu den Würfel, wie es Ben getan hat.

② Sage deinem Nachbarn, wie er den Würfel kippen soll, damit diese beiden Würfelnetze entstehen.

a) Startfläche →

b) Startfläche ↓

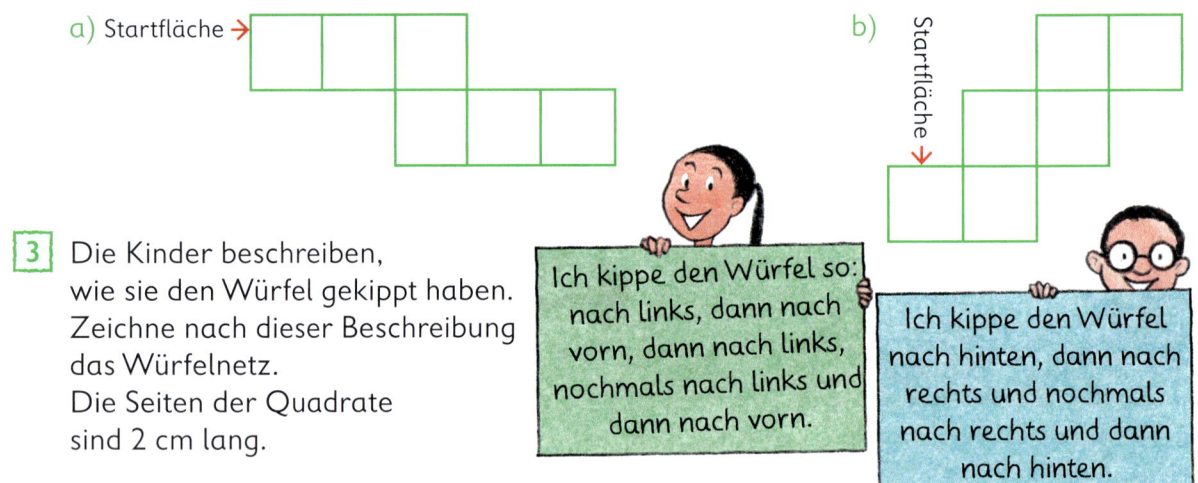

③ Die Kinder beschreiben, wie sie den Würfel gekippt haben. Zeichne nach dieser Beschreibung das Würfelnetz. Die Seiten der Quadrate sind 2 cm lang.

Ich kippe den Würfel so: nach links, dann nach vorn, dann nach links, nochmals nach links und dann nach vorn.

Ich kippe den Würfel nach hinten, dann nach rechts und nochmals nach rechts und dann nach hinten.

④ Zeichne die Würfelnetze in dein Heft und ergänze die fehlenden Würfelaugen. Die Seiten der Quadrate sollen 15 mm lang sein.

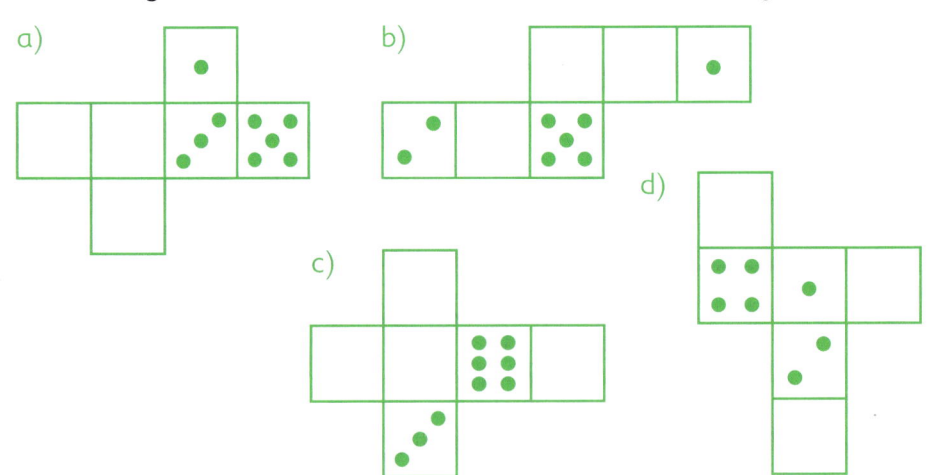

a)

b)

c)

d)

Tipp:
Die Summe aus den gegenüberliegenden Augen ist immer 7.

1: Würfelnetz zeichnen   2: Schrittfolge für das Kippen des Würfels angeben
3: Nach gegebener Schrittfolge das Würfelnetz zeichnen   4: Würfelaugen ergänzen
AH ◗ 66   TÜ ◗ 62

1 Mit welchen dieser Netze kannst du diesen Würfel falten?
Überprüfe. Zeichne dazu die Netze ab und falte sie zum Würfel.

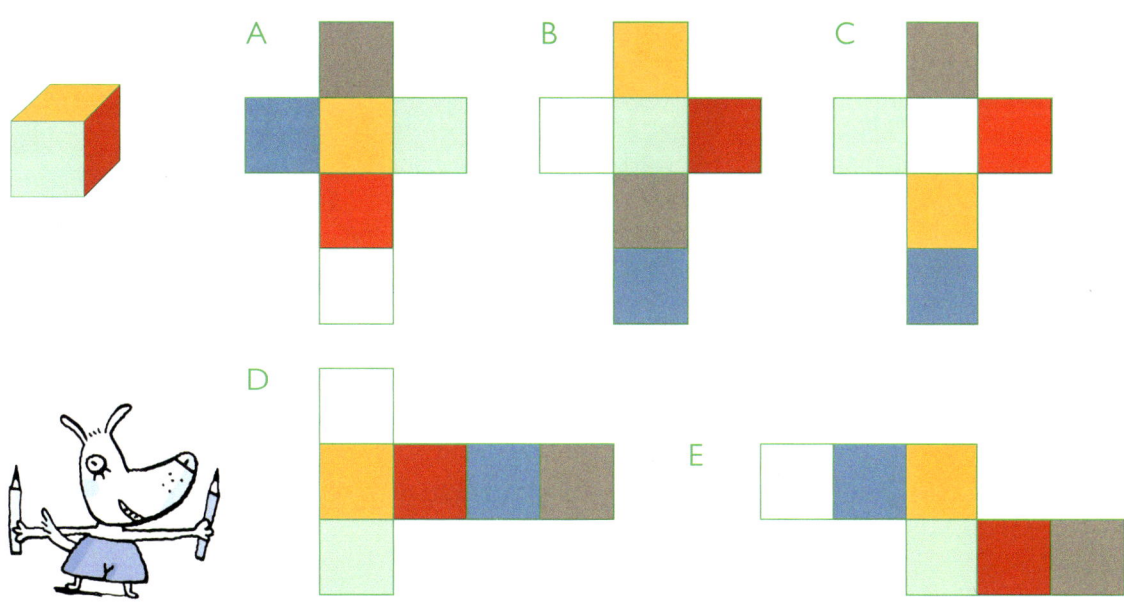

A   B   C

D

E

2 Welchen Würfel kannst du aus diesem Würfelnetz falten?

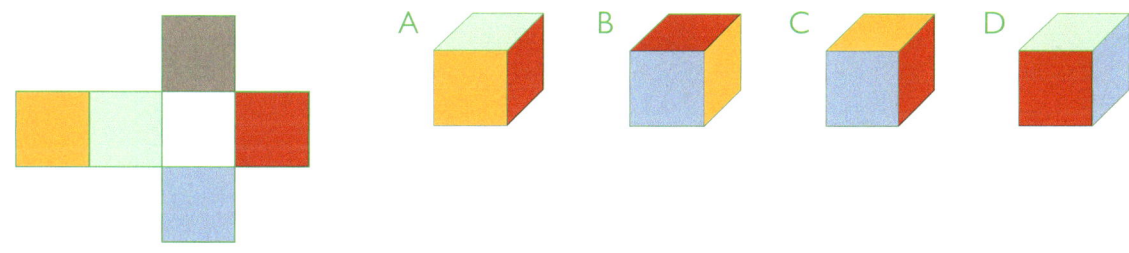

A   B   C   D

3 Welches dieser Netze ist kein Würfelnetz?

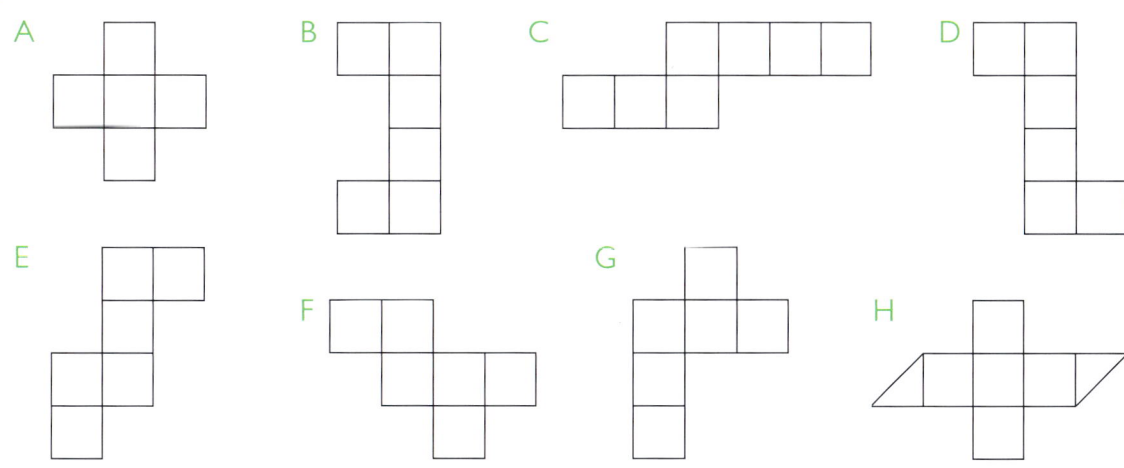

A   B   C   D

E   F   G   H

1: Netze den Würfeln zuordnen und überprüfen   2: Würfel zum gegebenen Netz finden
3: Würfelnetze auswählen
AH ● 66   TÜ ● 62

119

Quadernetze

Maria erklärt, wie sie das Quadernetz gezeichnet hat:

Ich habe den Quader zuerst nach hinten gekippt, dann nochmals nach hinten, dann nach rechts und dann zweimal nach hinten. Die Fläche des Quaders habe ich jedes Mal mit dem Stift umrandet und dann ausgemalt.

Startfläche →

① Zeichne ein Quadernetz in dein Heft. Kippe dazu den Quader so, wie es Maria getan hat, und umrande die Flächen des Quaders.

② Sage deinem Nachbarn, wie er den Quader kippen soll, damit diese beiden Quadernetze entstehen. Wähle dir dazu einen Baustein aus.

a) Startfläche

b) Startfläche

③ Tom und Anna beschreiben, wie sie die Quader gekippt haben. Zeichne nach dieser Beschreibung die Quadernetze. Wähle dir dazu einen Baustein aus.

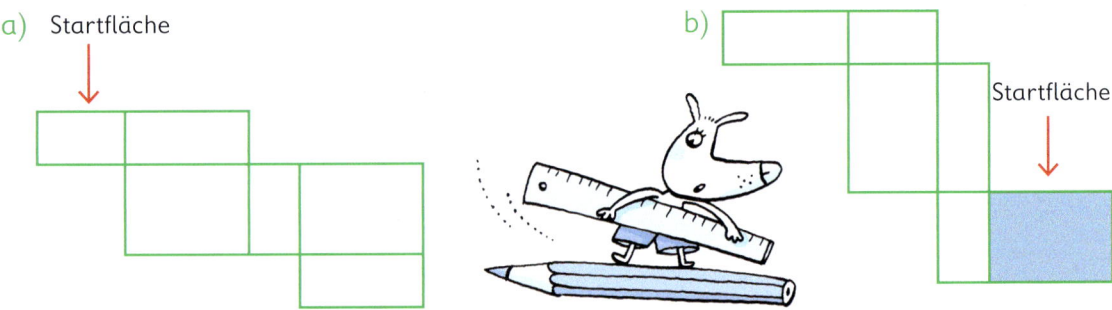

Ich stelle den Quader auf eine seiner kleinen Flächen. Dann kippe ich nach vorn, dann nach rechts, dann nach vorn, dann nach rechts und nach vorn.

Ich stelle den Quader auf eine seiner großen Flächen. Dann kippe ich nach hinten, dreimal nach links und dann nach hinten.

1: Quadernetz zeichnen   2: Schrittfolge zum Kippen des Quaders angeben
3: Quader (Baustein) nach Vorgabe kippen und Flächen umranden
AH ▶ 67   TÜ ▶ 62

1 Zeichne das Quadernetz so auf Kästchenpapier, dass alle Seiten nur halb so lang sind. Färbe die gegenüberliegenden Flächen mit der gleichen Farbe.

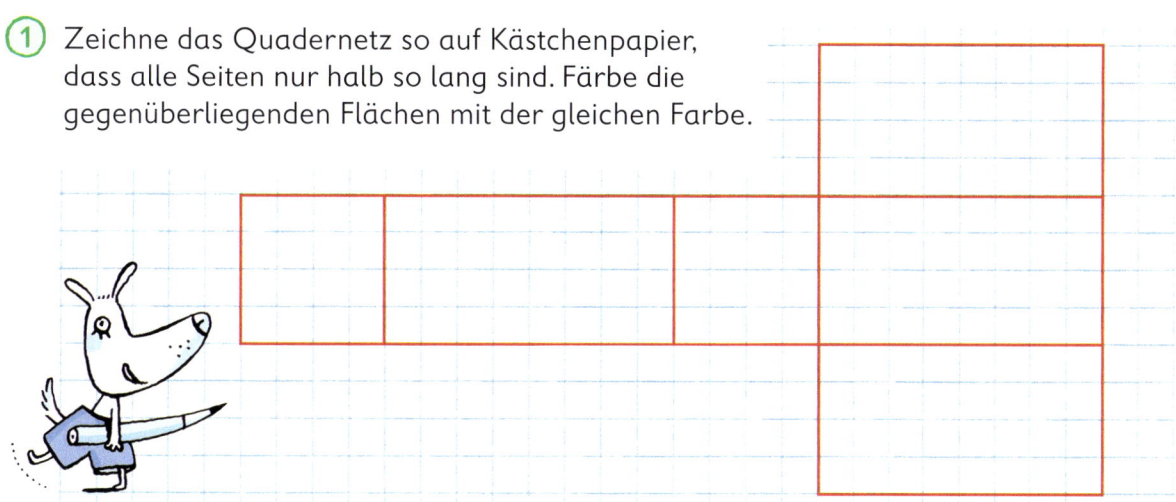

2 a) Zeichne das Quadernetz aus Aufgabe ① so auf Kästchenpapier, dass alle Seiten doppelt so lang sind.
   b) Zeichne an das Netz Klebefalze.
      Färbe die gegenüberliegenden Seiten mit der gleichen Farbe.
   c) Schneide das Netz aus und klebe es zu einem Quader zusammen.

3

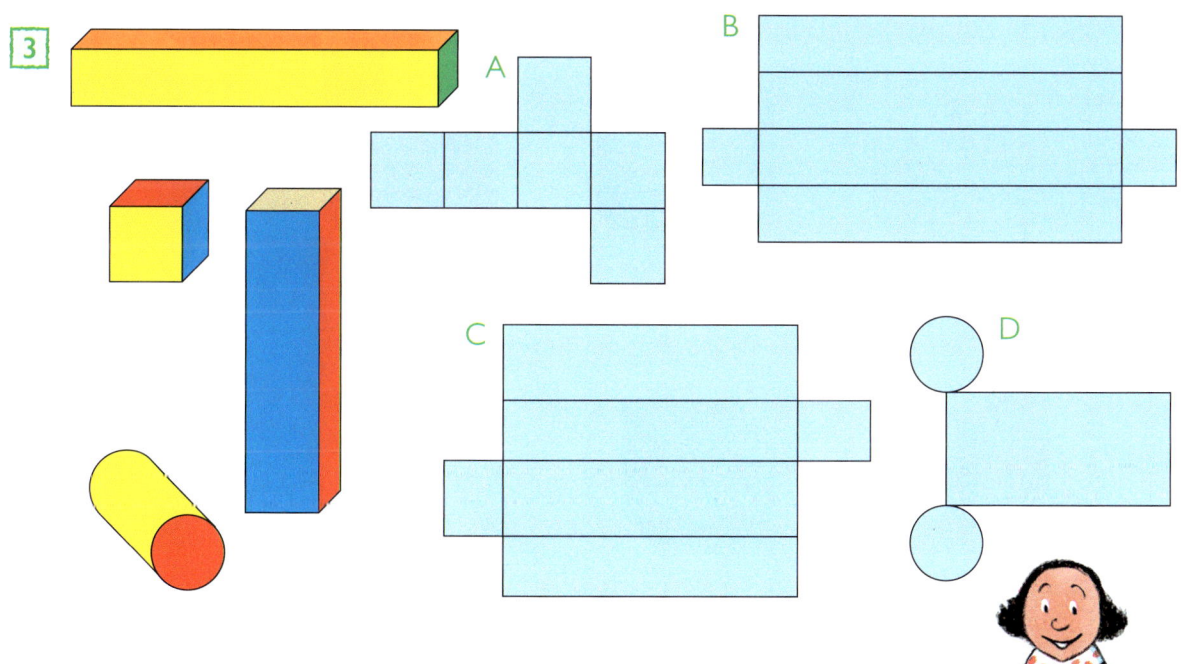

   a) Ordne jedem Körper das passende Körpernetz zu.
   b) Zeichne die Körpernetze in gleicher Größe auf Kästchenpapier.
   c) Färbe die Flächen der Körpernetze so, wie sie auf den Körpern zu erkennen sind.

Tipp:
Gegenüberliegende Flächen haben die gleiche Farbe.

1 und 2: Netze in Verkleinerung und Vergrößerung zeichnen; Klebefalze einzeichnen; Flächen färben; Netze zu Quadern kleben
3: Netze den Körpern zuordnen und abzeichnen; Flächen analog zum Körper färben
AH ▶ 67   TÜ ▶ 62

121

Rauminhalt – Würfelbauten

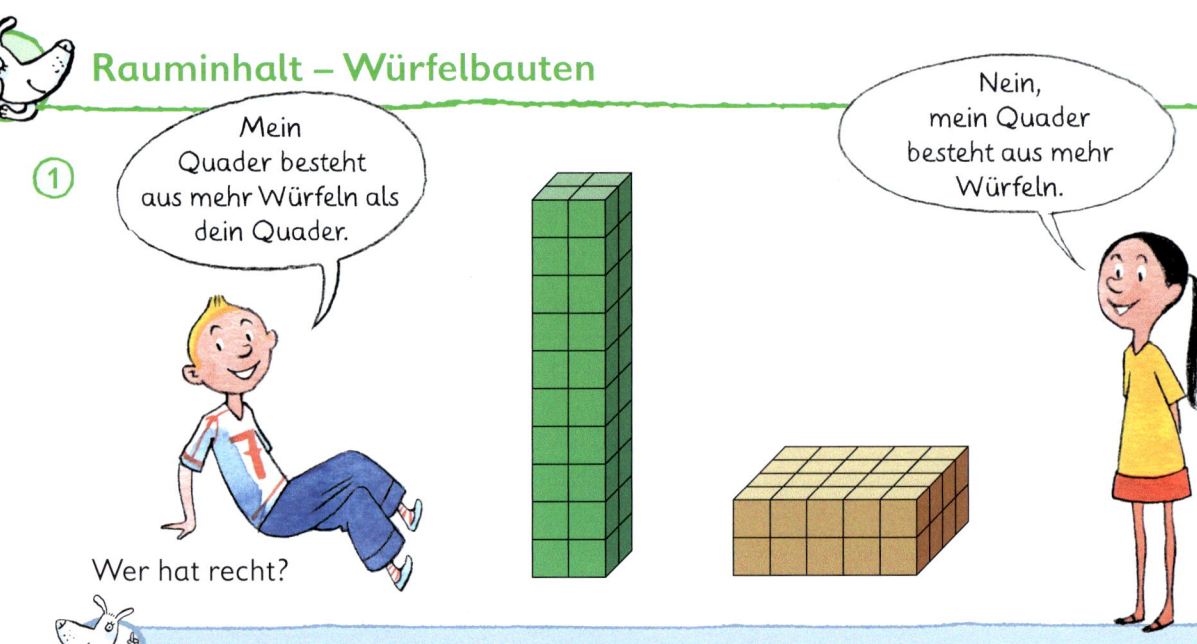

① **Mein Quader besteht aus mehr Würfeln als dein Quader.**

Nein, mein Quader besteht aus mehr Würfeln.

Wer hat recht?

> Wenn Würfelbauten mit der gleichen Anzahl von gleich großen Würfeln (Einheitswürfeln) gebaut wurden, dann haben sie den gleichen Rauminhalt. Der Rauminhalt ist gleich der Anzahl der Einheitswürfel.

2 Aus wie vielen Würfeln besteht jedes Bauwerk? Vergleiche die Rauminhalte.

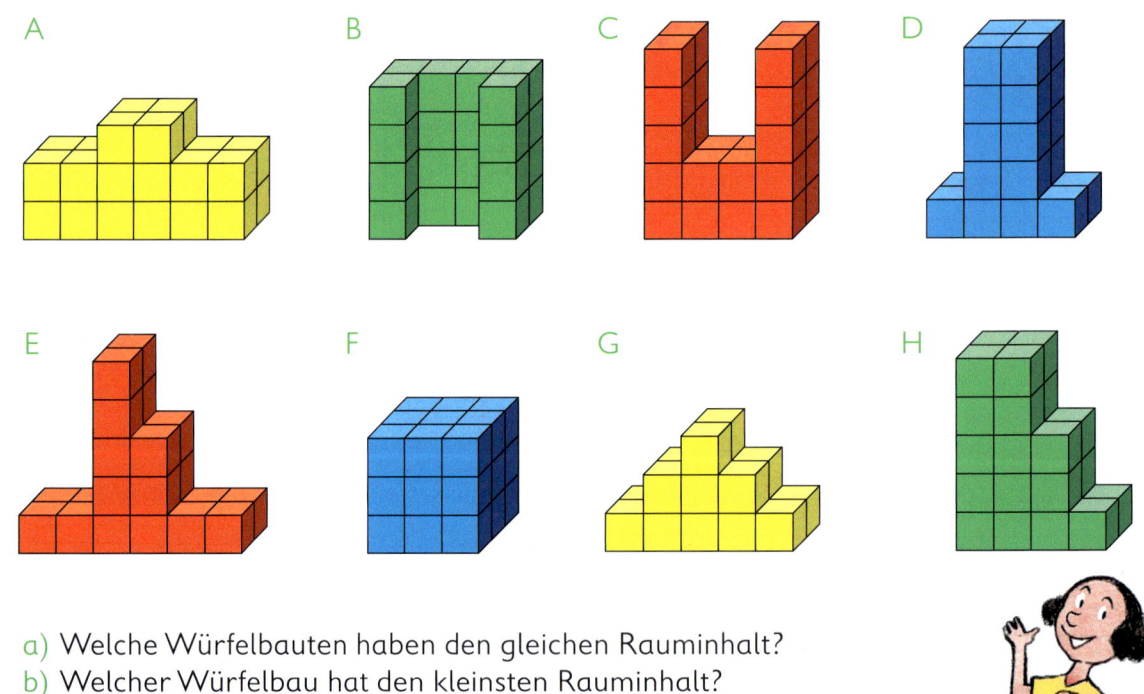

A B C D

E F G H

a) Welche Würfelbauten haben den gleichen Rauminhalt?
b) Welcher Würfelbau hat den kleinsten Rauminhalt?

Tipp:
Anzahl der Würfel bestimmen

1 a) Finde zu den Würfelbauten A bis D den passenden Bauplan.

  b) Überprüfe die Baupläne durch Nachbauen.

A

B

C

D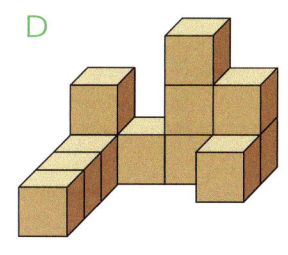

1

		3	1
4	2	2	
		1	
		1	

2

2	1	3	2
1			1
1			
1			

3

3			
2	2	2	
		2	3
			1

4

3	1		
	1		
	1		
	1	1	2

2 a) Zeichne zu diesen Würfelbauten den Bauplan.

  b) Baue nach deinem Bauplan und vergleiche mit der Abbildung.

A

C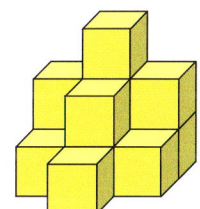

B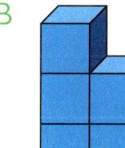

D

3 Max behauptet, das sei der Bauplan für eine Treppe. Stimmt das?

Überprüfe durch Nachbauen.

7	7	7	7	7	7	7
5	5	5	5	5	5	5
3	3	3	3	3	3	3
1	1	1	1	1	1	1

1: Baupläne zuordnen und durch Nachbauen überprüfen   2: Baupläne zeichnen und danach bauen; mit der Abbildung vergleichen
3: Antwort begründen und nach dem Plan bauen

123

AH ● 68   TÜ ● 63

Ansichten

①

Auf dem Tisch steht eine Pyramide mit roter Spitze. Lisa betrachtet sie von vorn, Tom von der rechten Seite und Maria von oben. Zeichne, was jedes Kind sieht.

② Max betrachtet das Bauwerk aus einem Zylinder und einem Quader von vorn, von rechts und von oben. Dazu hat er diese drei Ansichten gezeichnet:

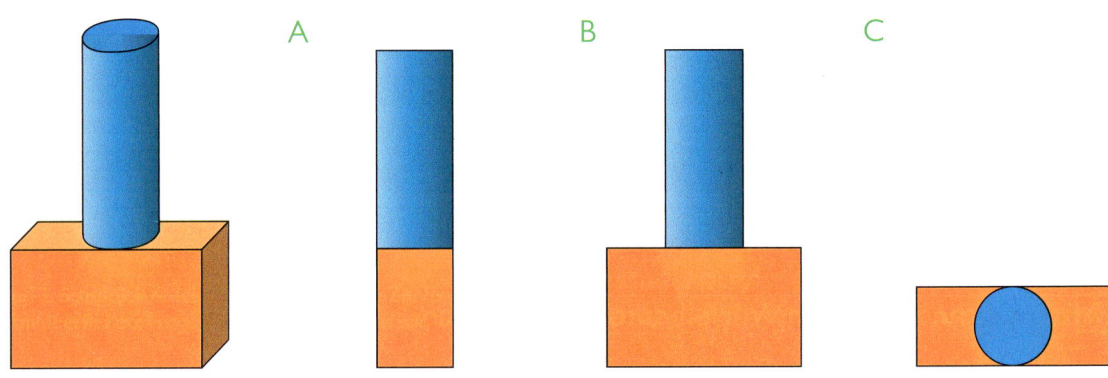

A   B   C

Ordne den Ansichten die Richtung zu, aus der Max das Bauwerk betrachtet hat.

3 Anna hat das Würfelgebäude von vorn, von links, von rechts, von hinten und von oben betrachtet.
Sie hat dazu diese Ansichten gezeichnet.

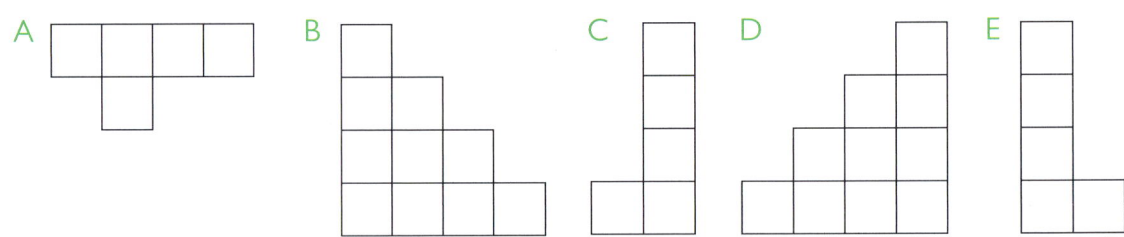

A   B   C   D   E

a) Gib für jede Ansicht die Richtung an, aus der Anna das Bauwerk betrachtet hat.
b) Überprüfe durch Nachbauen.

1: Vorderan-, Seitenan- und Draufsicht zeichnen
2 und 3: Ansichten die Betrachtungsrichtungen zuordnen
AH ▶ 69   TÜ ▶ 64

1 Baue Würfelbauten nach den Bauplänen.

A
3	2	1	3
2	1		2
2	1		2
1	1		1

B
3	2	3
	1	
	1	
	1	

C
3	5	3
2	1	2
1		1

a) Wie viele Würfel benötigst du für jedes Bauwerk?

b) Wie viele Würfel siehst du bei jedem Bau, wenn du ihn von vorn betrachtest?

c) Stimmt es, dass du bei der Betrachtung von oben bei dem Bauwerk A 13 Würfel, beim Bauwerk B 6 Würfel und beim Bauwerk C 8 Würfel siehst?

2 Ben hat die Backform und das Haus von vorn, von der Seite, von oben und von unten betrachtet.

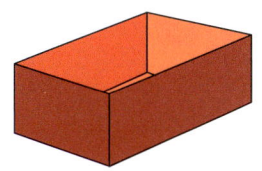
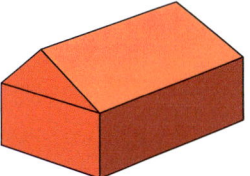

A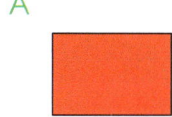
B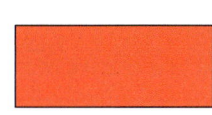
C
D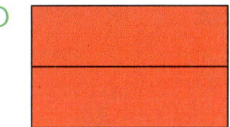

E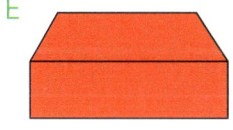
F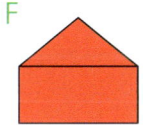
G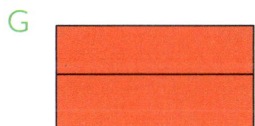
H

a) Welche der Ansichten A bis H gehören zur Backform?

b) Welche Ansichten gehören zum Haus?

c) Welche Ansicht gehört zur Backform, aber auch zum Haus?

d) Welche Ansichten gehören weder zur Backform noch zum Haus?

 3 Baue mit 8 Würfeln und 2 Quadern ein Bauwerk.

a) Zeichne dazu einen Bauplan auf.

b) Zeichne die Ansichten des Bauwerks, wenn du es von vorn, von links und von oben betrachtest.

1: Bauen nach Plan; Anzahl der Würfel bestimmen; Anzahl der Würfel für die jeweilige Ansicht angeben bzw. überprüfen
2: Ansichten zuordnen   3: Bauwerk erfinden; Bauplan schreiben und Ansichten zeichnen
AH ○ 69   TÜ ○ 64

125

Kann ich das schon?

① Prüfe die Teilbarkeit folgender Zahlen mit Hilfe der Teilbarkeitsregeln. Dividiere.

a) 22 972 : 2   b) 45 072 : 9   c) 126 855 : 5   d) 89 344 : 9
    4 539 : 5   21 414 : 3   67 953 : 3   8 691 : 3
  10 320 : 10   8 739 : 9   8 476 : 9   52 683 : 2

② Berechne immer den Durchschnitt.

a) 414   b) 671   c) 2 578   d) 4 324   e) 3 458   f) 1 352
   514   771   8 752   6 440   1 587   2 604
   614   871   8 250   2 459   3 808
            971   2 364

③ Rechne und kontrolliere mit der Umkehraufgabe.

a) 42 833 : 7   b) 11 844 : 12   c) 16 350 : 25   d) 44,124 kg : 4
  39 888 : 8   25 790 : 10   24 125 : 25   81,246 kg : 6
   4 188 : 6   10 500 : 12   51 350 : 25   51,664 kg : 8

④ a)

10 000   :    = 

  +   =

 :   =

b)

6 400   :   △ = △

□ + □ = △

△ : ○ = □

⑤ Berechne die wirklichen Entfernungen.

Maßstab 1 : 50 000   1 cm im Bild entspricht 50 000 cm in Wirklichkeit.
                           50 000 cm = 500 m = 0,500 km

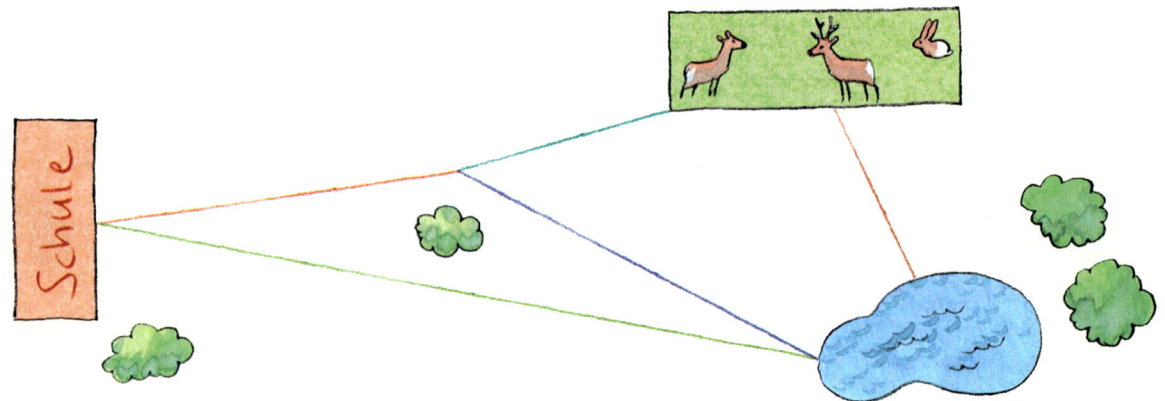

6 Wie heißen die Körper?

Mein Körper hat 6 Flächen.

Mein Körper hat keine geraden Kanten. Er hat 3 Flächen.

Mein Körper hat keine Kanten und keine Ecken.

Mein Körper hat eine Grundfläche und eine Ecke.

7 Handelt es sich um Quadernetze? Zeichne ab. Schneide aus und falte zur Kontrolle.

A   B   C   D

8 a) Baue Würfelbauten nach diesen Bauplänen.

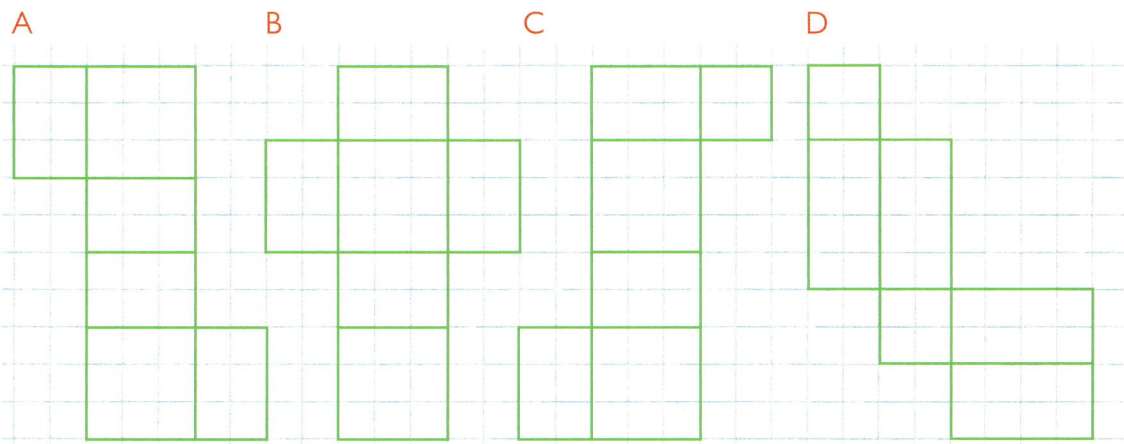

A

2	3	3	2
2	4	4	2
2	4	4	2
2	3	3	2

B

4	4	4	4	4
4	3	3	3	4
4	3	2	3	4
4	3	3	3	4
4	4	4	4	4

C

			2			
	2	3	2			
	3	4	3			
2	3	4	5	4	3	2
	3	4	3			
	2	3	2			
			2			

D

1	2	3	4	4	3	2	1

b) Wie viele Würfel siehst du, wenn du jedes Bauwerk von oben betrachtest?
c) Wie viele Würfel siehst du, wenn du jedes Bauwerk von vorn betrachtest?
d) Wie viele Würfel siehst du, wenn du jedes Bauwerk von rechts betrachtest?

Addieren und Subtrahieren – Rechentraining

(1) a) 45 000 + 20 000 b) 37 000 + 47 000 c) 22 456 + 34 000
61 000 + 30 000   29 000 + 18 000   58 234 + 23 000
125 000 + 220 000   347 000 + 45 000   451 550 + 29 000
645 000 + 45 000   777 000 + 23 000   123 456 + 333 000

47 000 56 456 65 000 81 234 84 000 91 000 345 000 392 000 456 456
480 550 690 000 800 000

(2) a) 92 000 – 30 000 b) 41 000 – 22 000 c) 45 999 – 29 000
56 000 – 26 000   62 000 – 39 000   78 455 – 48 000
31 000 – 11 000   81 000 – 45 000   63 339 – 36 000
73 000 – 43 000   57 000 – 18 000   27 342 – 19 000

8 342 16 999 19 000 20 000 23 000 27 339 30 000 30 000
30 455 36 000 39 000 62 000

(3) Überschlage zuerst, rechne dann genau.
Vergleiche den Überschlag mit dem Ergebnis.

a) 5 617   7 028   36 014   62 568   79 046   82 004
+ 2 329   + 1 995   + 8 496   – 3 529   – 25 238   – 5 788

b) 276 349   441 567   680 084   882 436   907 423   500 453
+   9 577   + 29 088   + 176 006   –   7 609   –   34 082   – 323 564

4 Überschlage zuerst. Schreibe dann stellengerecht untereinander und rechne.
Vergleiche den Überschlag mit dem Ergebnis.

a) 47 356 – 4 285 – 963   b) 123 491 + 36 623 + 12 094
21 083 – 12 083 – 1 312   290 622 + 32 448 + 41 084

5

Addiere zu
23 191 den Vorgänger
von 26 810.

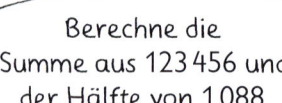

Berechne die
Summe aus 123 456 und
der Hälfte von 1 088.

Subtrahiere
von 230 000 die
Hälfte von 110 000.

1 bis 4: Addieren und Subtrahieren; Überschlag mit Ergebnis vergleichen
5: Aufgaben finden und lösen
AH ▶ 70

1 Finde die fehlenden Ziffern.

a)
```
  1 1 9 ▓ 9 2
+   7 ▓ 6 5 ▓
───────────────
  1 9 3 6 4 2
```

b)
```
  ▓▓▓ ▓▓▓
+ 1 2 3 9 2 2
───────────────
  5 1 8 6 0 9
```

c)
```
  7 6 8 ▓ 3 4
− 5 ▓▓ 3 2 ▓
───────────────
  1 8 1 8 0 9
```

d)
```
  5 4 3 1 2 2
− ▓▓▓ ▓▓▓
───────────────
  2 9 5 5 6 1
```

② a)

347 €	17 673 €	2 666 €	80 049 €	91 706 €	13 128 €
+ 2 899 €	+ 45 297 €	+ 15 009 €	− 25 247 €	− 63 075 €	− 9 653 €

b)

43 471 km	305 462 km	77 777 km	709 542 km
+ 6 083 km	+ 6 085 km	− 877 km	− 54 163 km
+ 907 km	+ 24 009 km	− 41 457 km	− 13 074 km

3 a)
```
 56 € +  74 ct
 83 € +   9 ct
 96 € + 245 ct
347 € +  86 ct
```

b)
```
 78 € −  65 ct
 91 € −   8 ct
 29 € − 235 ct
425 € −  72 ct
```

c)
```
 12,527 km − 4,319 km
 45,625 km − 1 457 m
 87,300 km −  926 m
852,460 km − 2 km 627 m
```

4 Herr Weber hat für den bevorstehenden
Winterurlaub für sich und seine Frau
Langlaufski für insgesamt 748,36 € gekauft.
Die Ski für den Sohn kosteten 243,75 €.
Für drei Paar Skischuhe hat er 359,66 € bezahlt.
Wie viel Euro hat Herr Weber insgesamt ausgegeben?

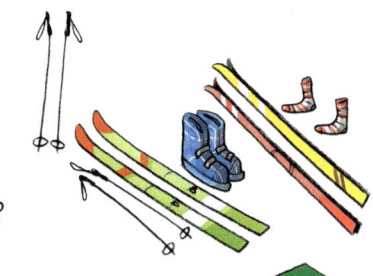

5 Die Kinder der Klasse 4a möchten zum Schulbasar
selbst gebaute Vogelhäuser aus Holz verkaufen.
Zum Kauf des Baumaterials stehen ihnen
500 € zur Verfügung. Davon kaufen sie für
316 € Holzleisten, für 97,40 € Nägel und für
11,56 € Kleber.
Wie viel Geld bleibt übrig?

6 a) Ergänze bis zu 100 000.   Schreibe so: 70 000 + 30 000 = 100 000

40 000, 35 000, 82 000, 15 000, 91 000, 72 400, 50 300, 32 700

b) Ergänze bis zu einer Million.   Schreibe so: 200 000 + 800 000 = 1 000 000

500 000, 750 000, 170 000, 955 000, 300 500, 801 000, 690 300, 452 500

1: Fehlende Ziffern finden   2: Addieren und Subtrahieren mit Größen
4 und 5: Inhalt erfassen, Aufgaben bilden, lösen und antworten   6: Ergänzen; Umkehraufgabe nutzen
AH ❍ 70

129

Multiplizieren und Dividieren – Rechentraining

1 a) 2 · 600   b) 4 · 5 000   c) 3 · 80 000   d)   640 ·   10   e) 10 000 ·   77
   4 · 300   9 · 3 000   7 · 20 000   3 432 ·   100   1 000 · 125
   8 · 200   7 · 6 000   9 · 30 000   5 265 · 1 000   100 000 ·   10
   9 · 500   6 · 4 000   5 · 40 000   12 400 ·   100   90 000 ·   0

2 Überschlage zuerst und rechne dann genau.
   Vergleiche das Ergebnis mit dem Überschlag.

   a) 371 · 9   b) 421 · 85   c) 3 765 · 23   d) 316 · 284   e) 127 · 114
   293 · 7   335 · 75   5 129 · 12   803 · 456   168 · 183
   317 · 5   233 · 21   9 992 · 25   964 · 481   655 · 302
   243 · 2   244 · 46   7 610 · 47   414 · 208   506 · 309

   > 486 1585 2051 3339 4893 11224 14478 25125 30744 35785 61548
   > 86112 86595 89744 156354 197810 249800 357670 366168 463684

3 Setze das richtige Zeichen < = >.

   a) 4 · 9 000 ⬤ 40 000   b) 20 · 400 ⬤ 10 000   c) 6 · 3 200 ⬤ 19 200
   6 · 80 000 ⬤ 700 000   50 · 600 ⬤ 300 000   4 · 9 200 ⬤ 37 000

4 Große Flugzeuge verbrauchen auf ihren Flügen pro Stunde im Durchschnitt 10 990 l Kerosin. Kerosin heißt der Kraftstoff für Flugzeuge.
   a) Wie viel Liter benötigt ein Flugzeug in 7 Stunden?
   b) Wie viele Stunden kann das Flugzeug etwa mit 55 000 l Kerosin fliegen?

5 Die Boing 747 fliegt mit einer Durchschnittsgeschwindigkeit von 937 km pro Stunde.
   a) Wie viel Kilometer fliegt das Flugzeug in 8 Stunden?
   b) Kann das Flugzeug mit dieser Geschwindigkeit eine Strecke von 5 830 km in 6 Stunden zurücklegen?

1: Multiplizieren mit H, T, ZT und HT   2: Schriftlich Multiplizieren   3: Produkte bilden und mit gegebener Zahl vergleichen
4 und 5: Inhalt erfassen, Aufgaben finden, lösen und antworten
AH ● 71

1 a)
| 36 : 4 |
| 360 : 4 |
| 3 600 : 4 |
| 36 000 : 4 |
| 360 000 : 4 |

b)
| 48 : 6 |
| 480 : 6 |
| 4 800 : 6 |
| 48 000 : 6 |
| 480 000 : 6 |

c)
| 28 : 7 + 2 |
| 280 : 7 + 20 |
| 2 800 : 7 + 200 |
| 28 000 : 7 + 2 000 |
| 280 000 : 7 + 20 000 |

d)
| 35 : 5 + 3 |
| 350 : 5 + 30 |
| 3 500 : 5 + 300 |
| 35 000 : 5 + 3 000 |
| 350 000 : 5 + 30 000 |

2 Überschlage erst und rechne dann genau.

a) 1280 : 4
2820 : 3
6520 : 5

b) 4160 : 8
1250 : 5
2760 : 4

c) 8872 : 8
3549 : 7
1263 : 3

d) 9099 : 9
7254 : 6
2121 : 3

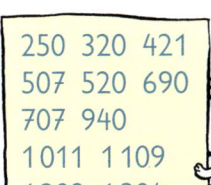

250 320 421
507 520 690
707 940
1011 1109
1209 1304

3 Dividiere. Bei einigen Aufgaben bleibt ein Rest.

a) 450 : 4
953 : 2
226 : 5

b) 1804 : 8
2313 : 3
2766 : 9

c) 44484 : 6
15760 : 7
22242 : 5

d) 9630 : 30
31710 : 70
46800 : 90

e) 180 000 : 60
810 000 : 90
560 000 : 70

4 a) 328 + 56 : 8
(328 + 56) : 8

b) 414 − 108 : 9
(414 − 108) : 9

c) 9 · 250 − 250 : 50
4 · 125 + 330 : 3

d) (953 − 253) : 70 + 3 · 30
(237 + 33) : 90 + 101 · 3

e) 54 · 5 + 2435 : 5
3600 : 6 − 2400 : 8

f) 4486 − 1243 · 2
95 + 105 · 6 − 8 · 25

5 Haben alle Kinder richtig gerechnet? Rechne nach.

```
32 049 : 9 = 3 562 R1
27
 50
 45
  54
  53
  19
  18
   1
```

```
8 392 : 8 = 149
8
039
 32
 72
 72
  0
```

```
48 104 : 7 = 6 872
42
 61
 56
  50
  49
  14
  14
   0
```

```
11 115 : 9 = 1 235 R1
9
21
18
 31
 27
 55
 45
 10
  9
  1
```

6 Maria behauptet: Wenn ich eine dreistellige Zahl zweimal nebeneinander schreibe, erhalte ich eine sechsstellige Zahl, die durch 7 ohne Rest teilbar ist. Überprüfe, ob das wahr ist.
Wähle dir dazu selbst drei Zahlenbeispiele aus.

Tipp:
769 zweimal nebeneinander geschrieben ergibt die Zahl 769 769.

1 bis 3: Dividieren mit und ohne Rest   4: Regel „Punktrechnung geht vor Strichrechnung" anwenden
5: Rechenfehler finden   6: Aussage an selbst gewählten Zahlenbeispielen überprüfen
AH ⊙ 71

131

1  **AUTOWERKSTATT**

Die Mutti von Ben holt das Auto aus der Werkstatt. Das Material kostet 243,25 €. Die Arbeitszeit betrug 2 h 15 min. Eine Arbeitsstunde kostet 64 €. Wie viel Euro muss Bens Mutti bezahlen?

Tipp:

15 min sind $\frac{1}{4}$ h.

$\frac{1}{4}$ h ist der vierte Teil von einer Stunde.

2 Annas Vati möchte beim Beladen seines Autos vor der Urlaubsfahrt nichts falsch machen. Er schaut deshalb nochmals in seinen Fahrzeugschein und liest:

Zulässiges Gesamtgewicht: 1550 kg
Leergewicht: 1020 kg

80 kg   27 kg   60 kg   45 kg   22 kg   16 kg

a) Wie viel Kilogramm kann das leere Auto aufnehmen?
b) Wie viel Kilogramm wiegt das Auto mit Anna, ihren Eltern und dem Gepäck?
c) Wie viel Kilogramm könnten noch geladen werden?

 3 Beim Tanken nach einer Fahrstrecke von 800 km stellt Anna fest, dass das Auto dafür 56 l Benzin verbraucht hat.
Sie will gern wissen, wie viel Liter das Auto im Durchschnitt auf 100 km verbraucht. Weißt du, wie man den Verbrauch berechnen kann? Erkläre es deinen Mitschülern.

4

Sprich zu den Angaben. Bilde selbst eine Aufgabe und löse sie. Antworte im Satz.

Tachometerstand: 26 083 km
Verbrauch: 7,5 l Benzin auf 100 km
Fassungsvermögen des Tanks: 60 l Benzin

Wandergebiet NEUBERG
Bergstation 1845 m
Talstation 956 m
Baubeginn 01.04.2010
Einweihung 31.10.2011

Fahrpreise

Berg- oder Talfahrt 7 €
Berg- und Talfahrt 12 €
Kinder bis 14 Jahren
zahlen die Hälfte.

① Wie viele Monate betrug die Bauzeit der „Neuberg-Bahn"?
Gib die Bauzeit auch in Tagen an.

Tipp:
Nicht jeder Monat
hat 31 Tage.

② Berechne den Höhenunterschied zwischen der Bergstation und der Talstation.

3 Die Seilbahn fährt täglich von 8:00 Uhr bis 17:45 Uhr.
Die zwei Gondeln fahren zur selben Zeit zu jeder Viertelstunde an
der Bergstation und der Talstation ab. In einer Gondel haben 16 Personen Platz.

a) Wie viele Personen können in einer Stunde befördert werden?
b) Wie viele Personen können täglich befördert werden?

4 Eine Familie mit einem 10 Jahre alten Mädchen und einem 15 Jahre alten Jungen
kauft Fahrkarten für die Bergfahrt und die Talfahrt.
Wie viel Euro muss der Vater für alle Karten zusammen bezahlen?

5 Eine Wandergruppe aus 12 Erwachsenen und zwei zwölfjährigen Kindern
erreicht die Talstation. Mit der Seilbahn fahren sechs Erwachsene und ein Kind
zur Bergstation und wandern von dort ins Tal zurück.
Zur Bergstation wandern vier Erwachsene hoch.
Von dort fahren sie mit der Seilbahn zur Talstation zurück.
Der Rest der Wandergruppe fährt beide Strecken mit der Seilbahn.
Wie viel Geld muss die Wandergruppe insgesamt bezahlen?

1 bis 5: Inhalt erfassen, Zahlen und Daten der Abbildung entnehmen;
Aufgaben finden (bei Aufgabe 5 Teilaufgaben), lösen und antworten

133

Projektidee: Mathematik zum Staunen und Spielen

(1) Bei einer Autofahrt am Vormittag und Nachmittag sieht Lisa im Rückspiegel diese Uhren. Mit einem Spiegel kannst du herausbekommen, welche Zeit die Uhren anzeigen. Schreibe die Uhrzeiten auf.

a)  b)  c)  d)

2 Lege mit Stäbchen diese Figur.

a) Wie viele Stäbchen benötigst du?

b) Wie viele Quadrate siehst du in dieser Figur?

c) Nimm vier Stäbchen so weg, dass nur noch acht Quadrate übrig bleiben.

(3)

	1	2	3	
4		5		
6	7			
			8	9
10				

Übertrage das Zahlenquadrat in dein Heft.
Löse das Kreuzworträtsel.
Wenn du die gefundenen Zahlen jedes einzelnen Feldes addierst, erhältst du 68.

Waagerecht
1 das Vierfache von 121
5 die kleinste dreistellige Zahl, vermehrt um 11
6 das Fünffache von 125
8 der zehnte Teil von 450
10 die größte dreistellige Zahl, vermindert um 333

Senkrecht
2 die Summe aus 368 und 447
3 die Differenz aus 851 und 810
4 der dritte Teil von 78
7 das Siebenfache von 38
9 das Produkt aus 3 und 17

1: Vormittagszeit mit dem Spiegel ermitteln
2: Anzahl der notwendigen Stäbchen bestimmen; Figur legen und durch Wegnehmen der Stäbchen verändern   3: Zahlenquadrat lösen

 Übertrage die neun Punkte so in dein Heft, dass sie wie
auf einem Quadrat angeordnet sind. Verbinde alle Punkte
mit vier Geraden, ohne dass du dabei den Stift absetzt.

 5

Jetzt siehst du auf deinem Würfel
3 Augen oben und 5 Augen vorn.
Sage deinem Nachbarn,
welche Augenzahlen du siehst,
wenn du den Würfel so kippst, dass er

a) auf den Feldern mit den Hunden steht,

b) auf den Feldern mit den Fragezeichen steht.

Überprüfe deine Aussagen mit dem Würfel.

6 Zehnerzahlen aufspießen:
Einige der Zehnerzahlen
von 10 bis 120 wurden schon
aufgespießt.
Verteile die restlichen
Zehnerzahlen so, dass die
Summe der Zahlen auf
jedem Spieß genau 260 ergibt.

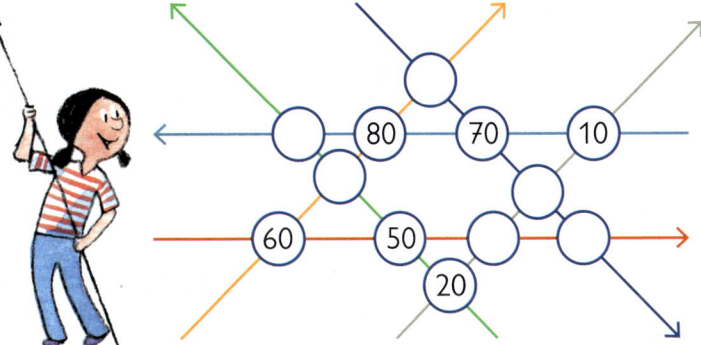

7 Wenn du den Taschenrechner auf den Kopf drehst, dann
verwandeln sich die Zahlen 0, 1, 3, 5, 7, 8 und 9 in Buchstaben.

a) Schreibe zu diesen Zahlen die Buchstaben auf.

Zahl	0	1	3	5	7	8	9
Buchstabe							

b) Schreibe mit diesen Zahlen Wörter.
   Beispiel: 335 ⟶ SEE

8 Die Tasten ➕ und 6 sind gesperrt. Alle anderen Tasten darfst du benutzen.
Bilde Aufgaben, bei denen auf dem Display als Ergebnis 766 steht.
Beispiel: 800 − 34 = 766

4: Punkte in einem Zug mit Geraden verbinden   5: Augenzahlen ermitteln   6: Zehnerzahlen einsetzen
7: Buchstaben erkennen und den Zahlen zuordnen; Wörter bilden   8: Aufgaben finden

135

① Der Grafiker M. C. Escher hat 1961 das Bild „Wasserfall" gezeichnet.

a) Betrachte das Bild genau und beschreibe es.
Was fällt dir auf?

b) Zeige die Stellen des Bildes, die in der Wirklichkeit
unmöglich zu bauen sind.

c) Beschreibe, wie das Wasser fließt.

1: Über das Bild sprechen; Unmögliches feststellen

(2) Verrückte Konstruktionen

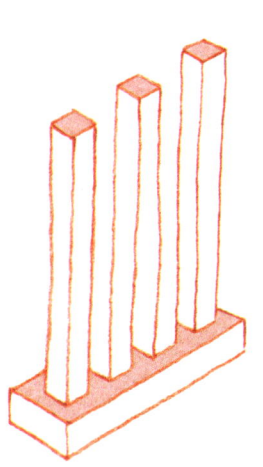
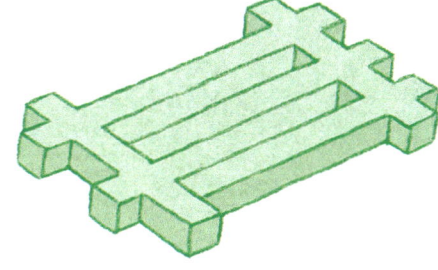
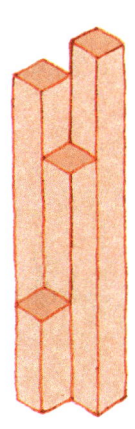

a) Schau dir die Konstruktionen genau an und beschreibe sie.

b) Überlege: Kann man zu diesen Bildern Körper nachbauen?

c) Untersuche die Konstruktionen genau und zeige die Stellen an, an denen „fehlerhaft" gezeichnet wurde.

d) Denke dir selbst eine unmögliche Konstruktion aus und zeichne sie auf Punktepapier.

(3) Wie viele Beine hat der Elefant?

a) Decke zuerst die Füße ab und zähle die Beine.

b) Dann verdecke die obere Bildhälfte und zähle die Beine noch einmal.

c) Was fällt dir auf?

Projektidee: Rechnen mit dem Taschenrechner

(1)

+	addieren	−	subtrahieren
×	multiplizieren	÷	dividieren
=	Gleichheitszeichen (Anzeige der berechneten Zahl)	•	Komma
ON/C	einschalten/löschen		

a) Zeige diese Tasten auf deinem Taschenrechner.

b) Wie viele Stellen kann dein Taschenrechner anzeigen? Wie heißt die größte Zahl, die du eingeben kannst?

(2) Tippe folgende Zahlen auf deinem Taschenrechner ein. Drehe den Taschenrechner um. Was siehst du?

7 391	35 137	38 317	335	7 135	5 508

(3) Löse die Aufgaben im Kopf.
Tippe sie ein und überprüfe dein Ergebnis mit dem Taschenrechner.

a) Aufgaben: Tippe ein:

4 + 5   [4][+][5][=]

28 − 7   [2][8][−][7][=]

6 · 7   [6][×][7][=]

56 : 8   [5][6][÷][8][=]

b)
36 + 400
100 + 80
300 − 150
1000 − 1
500 − 250
270 + 270
380 − 190
420 + 480

c)
7 · 20
2 · 500
50 : 5
100 : 2
1000 : 2
2000 : 2
5 · 400
6 · 300

4 Tippe ein. Was fällt dir auf? Erkläre.

a)

[9][0][−][9][=][=][=][=]

b) Tippe auch andere Zahle ein. Was stellst du fest?

c) Was musst du eintippen, um die Malfolge der 6, der 7 und der 9 als Ergebniszahlen zu erhalten?

5 Im Kopf oder mit dem Taschenrechner? Prüfe mit einem Überschlag.

a)	b)	c)	d)
8 · 7	25 · 4	4 396 + 5 893	25 369 + 536 + 18 541
72 : 9	100 : 32	7 854 − 5 316	83 415 − 596 − 25 341
169 : 13	888 · 9	840 − 420	42 000 − 2 000 + 10 000
448 : 7	201 · 14	6 800 + 1 200	54 873 + 3 873 − 14 873

6 a) Gib die Zahlen in den Taschenrechner ein und dividiere sie der Reihe nach durch 13, 11 und 7.

357 357	539 539	248 248	298 298	147 147

b) Bilde selbst solche Zahlen und dividiere ebenfalls durch 13, 11 und 7.

7 Lustige Zahlen

a) Rechne: 37 037 · 15   37 037 · 18   37 037 · 21

b) Mit welchen Zahlen musst du 37 037 multiplizieren, damit du folgende Ergebnisse erhältst?

8 a) Rechne: 15 873 · 35   15 873 · 42   15 873 · 49

b) Mit welchen Zahlen kannst du 15 873 noch multiplizieren, um weitere lustige Zahlen als Ergebnis zu bekommen? Probiere aus.

9 Noch einige lustige Sachen:
Wähle eine zweistellige Zahl.
Multipliziere sie mit 50 und 51.
Addiere die Ergebnisse.

Überprüfe mit weiteren Zahlen.

Mathefreunde 4

Ausgabe Nord

Herausgegeben von
Edmund Wallis, Leipzig

Erarbeitet von
Kathrin Fiedler, Görlitz; Ursula Kluge, Kühnitzsch; Isabel Miedtke, Zwickau;
Jana Scherbaum, Halberstadt; Birgit Schlabitz, Berlin; Edmund Wallis, Leipzig

Unter Beratung von
Silvia Ehrich, Neubrandenburg; Heidrun Ertel, Tröbnitz; Rita Hetzel, Marienwerder

Redaktion: Uwe Kugenbuch
Illustration: Daniel Müller; Uta Bettzieche (Hunde)
Grafik: Christine Wächter
Umschlaggestaltung: tritopp, Berlin, Daniel Müller/illumueller (Illustration)
Layout und technische Umsetzung: Ines Schiffel

Bestandteile des Lehrwerkes Mathefreunde für das 4. Schuljahr:

Schülerbuch 4 mit Kartonbeilagen	978-3-06-082681-0
Arbeitsheft 4	978-3-06-082687-2
Arbeitsheft 4 mit CD-ROM	978-3-06-082685-8
Tägliche Übungen 4	978-3-06-082779-4
Handreichungen für den Unterricht 4	978-3-06-082775-6
Kopiervorlagen 4 mit CD-ROM	978-3-06-082783-1
Handreichungen und Kopiervorlagen im Paket	978-3-06-082702-2

www.vwv.de

1. Auflage, 7. Druck 2025

© 2011 Cornelsen Verlag/Volk und Wissen, Berlin
© 2017 Cornelsen Verlag GmbH, Mecklenburgische Str. 53, 14197 Berlin,
E-Mail: service@cornelsen.de

Druck: Mohn Media Mohndruck, Gütersloh

ISBN 978-3-06-082681-0

PEFC
PEFC/04-31-1033 www.pefc.de

PEFC-zertifiziert
Dieses Produkt
stammt aus
nachhaltig
bewirtschafteten
Wäldern und
kontrollierten Quellen